咖啡拉花美學
COFFEE ART MASTERCLASS

丹·塔芒 (Dhan Tamang) 著／黃亭蓉 譯

瑞昇文化

TITLE

咖啡拉花美學

STAFF

出版	瑞昇文化事業股份有限公司
作者	丹・塔芒（Dhan Tamang）
譯者	黃亭蓉
創辦人/董事長	駱東墻
CEO/行銷	陳冠偉
總編輯	郭湘齡
文字編輯	張聿雯　徐承義
美術編輯	朱哲宏
校對編輯	于忠勤
國際版權	駱念德　張聿雯
排版	洪伊珊
製版	明宏彩色照相製版股份有限公司
印刷	龍岡數位文化股份有限公司
法律顧問	立勤國際法律事務所　黃沛聲律師
戶名	瑞昇文化事業股份有限公司
劃撥帳號	19598343
地址	新北市中和區景平路464巷2弄1-4號
電話/傳真	(02)2945-3191 / (02)2945-3190
網址	www.rising-books.com.tw
Mail	deepblue@rising-books.com.tw
港澳總經銷	泛華發行代理有限公司
初版日期	2025年3月
定價	NT$420／HK$131

ORIGINAL EDITION STAFF

Publisher	Trevor Davies
Art Director	Yasia Williams
Senior Editor	Leanne Bryan
Editorial Assistant	Stephanie Selcuk-Frank
Copy Editor	Caroline West
Photographers	Jason Ingram
	Chris Terry
Designer	Claire Huntley
Assistant Production Manger	Lisa Pinnell
	Stephanie Selcuk-Frank
Additional Text	Trevor Davies
	Abi Waters

國家圖書館出版品預行編目資料

咖啡拉花美學/丹.塔芒(Dhan Tamang)著；
黃亭蓉譯. -- 初版. -- 新北市：瑞昇文化事業
股份有限公司, 2025.02
128面 ; 14.8 x 21公分
譯自：Coffee art masterclass : 50 incredible
coffee designs for the home barista
ISBN 978-986-401-811-6(平裝)

1.CST: 咖啡

427.42　　　　　　　　　　　　114000768

國內著作權保障，請勿翻印／如有破損或裝訂錯誤請寄回更換

COFFEE ART MASTERCLASS: 50 INCREDIBLE COFFEE DESIGNS FOR THE HOME BARISTA
Text copyright © Dhan Tamang 2024
First published in Great Britain in 2024 by Cassell, an imprint of Octopus Publishing Group Ltd, Carmelite House, 50 Victoria Embankment, London EC4Y 0DZ. Complex Chinese translation rights arranged through The PaiSha Agency

With thanks to Sanremo for the use of their UK showroom for photoshoots and to the London School of Coffee.

Picture Credits
Photography by Jason Ingram: 7–16, 30, 32, 40, 42, 54, 58, 98, 122.
All other coffee photography by Chris Terry.
Additional images: 51a Peter van Evert; 54a, 60a, 63 Public domain
via Wikimedia Commons; 56a Martin Shields/Alamy Stock Photo © Salvador Dali, Fundacio Gala-Salvador Dali, DACS 2024; 58 The National Museum, Norway, Object NG.M 00939; 64 Christie's Images/Bridgeman Images © ADAGP, Paris and DACS, London 2024.

目次
CONTENTS

序章 … 6
製作基底 … 8
優良的技巧 … 9

基本圖案 … 10
愛心（Heart） … 10
鬱金香（Tulip） … 11
葉子（Rosetta） … 12

進階圖案 … 13
慢葉（Slosetta） … 13
雙層愛心（Double Heart） … 14
開底鬱金香（Winged Tulip） … 15
多層鬱金香（Multi-layered Tulip） … 16

獻給大自然愛好者 … 18
日月 … 19
鴿子 … 22
天鵝 … 24
魚狗 … 26
海馬 … 28
櫻花 … 30
企鵝 … 32
章魚 … 34
賞鯨 … 36
出水海龜 … 38
熊貓 … 40
地球 … 42
變色龍 … 44
蝦子 … 46
孔雀 … 48

獻給藝術愛好者 … 50
睡蓮（Water Lilies） … 51
星空（The Starry Night） … 54
永恆的記憶
　　（The Persistence of Memory） … 56
吶喊（The Scream） … 58
蒙娜麗莎（Mona Lisa） … 60

維納斯的誕生（The Birth of Venus） … 62
人子（The Son of Man） … 64

名勝古蹟 … 66
泰姬瑪哈陵（Taj Mahal） … 67
艾菲爾鐵塔（Eiffel Tower） … 70
自由女神的火炬（Liberty's Torch） … 72
倫敦塔橋（Tower Bridge） … 74

節慶場合 … 76
雪人 … 77
情人節小熊 … 80
感恩節小雞 … 82
酢漿草 … 84
驕傲彩虹 … 86
光明節（Hanukkah） … 88
色彩節（Holi） … 90

超自然 … 92
殭屍 … 93
巫師 … 96
火龍 … 98
幽靈 … 100
獨角獸 … 102
美人魚 … 104

現代休閒與日常 … 106
豔魅之眼 … 107
足球 … 110
賽馬 … 112
美式足球頭盔 … 114
瑜伽姿勢 … 116
跳水選手 … 118
薩克斯風 … 120
音樂五線譜 … 122

圖案模板 … 124
索引 … 127

序章

INTRODUCTION

六年前，我撰寫了第一本書之後，拿鐵藝術也進化了不少，不只囊括愛心、鬱金香和葉子等經典圖案，也開始運用不同的技巧、顏色、圖樣和上色法來創造出壯觀的視覺效果，達到更複雜、更精緻的設計。因此，解放你的創意，向咖啡師和咖啡藝術家學習技藝吧！

我需要什麼器材呢？

創作咖啡藝術所需工具不多，以下列出一些基本器具：

- **咖啡機** — 製作濃縮咖啡。

- **奶泡器（MILK FROTHER）** — 從基本款到你能負擔得起的高級款都可以，用來為牛奶加入蒸氣、打發成奶泡，來製作出拿鐵、卡布奇諾和粗奶泡（dry foam）（一種質地濃厚的卡布奇諾奶泡）。你可以選擇一組附帶蒸氣管（steaming wand）的咖啡機來滿足所有需求，但使用基本的奶泡器也能達到相同的成果。

- **拉花杯** — 用以將完成的奶泡倒入濃縮咖啡中。在注入較精細的圖案時，狹長的杯嘴能保持奶流穩定。請挑選設計精良、舒適的把手，這也能幫助你注入順暢，而不讓手掌和手腕過勞。

- **一組尺寸不一的咖啡杯** — 從小型濃縮咖啡杯（60毫升/2液體盎司）到大型的卡布奇諾杯（300毫升/10液體盎司），根據咖啡量需求而定。大部分的圖案適合選用較大的杯子，因為大杯子提供更多調動空間，製作精細又麻煩的圖案時，難度也稍微降低。

- **各式雕花工具** — 你可以使用任何工具來進行雕花，例如：小湯匙的把柄，或是錐鑽（bradawl）（木工工具）。使用雞尾酒針或是烤叉，來雕上精緻的細節。你也可能會需要一把小抹刀。

- **一塊濕布** — 在雕花過程中，用來將雕花工具擦乾淨。

- **液體食用色素** — 為奶泡上色。倒入濃縮咖啡杯中，使用更多來加深色彩。

- **厚卡紙和美工刀** — 大部分的圖案使用直接注入法，但有些圖案還是會需要用到模板法。

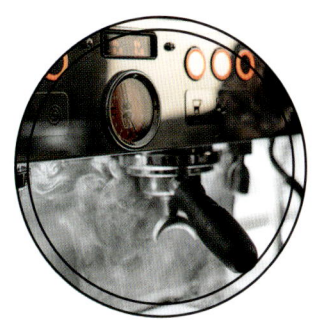

熱牛奶和打奶泡

你會需要先將蒸氣釋出至牛奶中,打出奶泡,倒入濃縮咖啡中,製作出基底或咖啡油脂(詳見第8頁)。泡沫應呈現絲絨質感。奶泡量根據所使用的咖啡杯大小而定。若使用300毫升(10液體盎司)的咖啡杯,會需要235毫升(8又1/2液體盎司)的冷牛奶。奶泡應加熱至攝氏60度C(華氏140度F)。

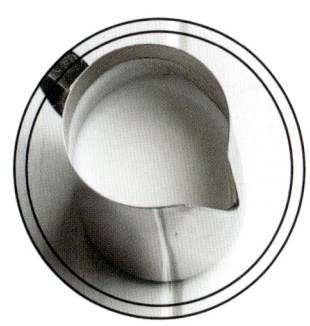

哪一種牛奶最適合?

在創作咖啡藝術時,許多咖啡師偏好全脂牛奶。較高的脂肪含量會產出更濃郁、更富有乳脂質感的牛奶,在製作圖案時,也讓奶泡更加穩定。你也可以使用如豆奶、杏仁奶和燕麥奶等的植物性牛奶替代品,但在打奶泡時,它們的質地不像乳牛奶那麼穩定,這也代表在製作較精細的圖案時,會需要更多練習。

「咖啡油脂(CREMA)」是什麼?

「咖啡油脂」是指在倒咖啡的過程中,自然形成在頂端,呈現絲絨質地和焦糖色的奶泡。這層乳脂與下方的液體濃縮咖啡有所不同,在咖啡師創作明確線條和圖形時,能作為天然的基底。單單將牛奶倒入咖啡當中,而不遵照下列基本步驟的話,便會破壞油脂結構,咖啡頂端也無法產生美麗的圖案,所以請多加留意了!

製作基底

CREATING THE BASE

製作基底或是咖啡油脂，是咖啡藝術設計的首要步驟。這項濃縮咖啡和熱牛奶／奶泡的組合，便是咖啡師在注入牛奶、創造出複雜圖案和設計時的特殊「畫布」。

1

將濃縮咖啡倒入任何尺寸的杯中（我們這裡使用的是 300 毫升／10 液體盎司容量的咖啡杯）。握住杯身，杯子把手朝向你的身體，杯身傾斜 45 度。

2

從高於液面約 8 公分（3 吋）處，將熱牛奶注入咖啡中央。牛奶會與濃縮咖啡混合，但咖啡油脂會留在表面，形成蓬鬆的泡沫層。

3

保持穩定的流量注入牛奶，左右移動循環，彷彿在液面上畫一個微笑一樣，使牛奶在頂端左右對流混合，直到咖啡杯裝滿為止。此步驟能確保油脂的結構完整。

4

一邊注入牛奶，一邊降低拉花杯的高度，直到杯中裝至三分之二為止（或是達到特定食譜所需要的容量為止）。依照指示，創作拉花圖案。

製作橄欖錐形奶泡（QUENELLE）

製作橄欖錐形奶泡：你會需要一把小湯匙和一把甜點匙。將奶泡從一把湯匙上刮到另一把湯匙上，重複此步驟，直到產生出厚重且堅挺的奶泡為止。不用擔心會過度打發奶泡，因為這個過程只會讓奶泡變得更易塑形，達到創作 3D 圖案的理想質地。

優良的技巧
GOOD TECHNIQUE

1. 只移動手腕，而不移動手臂，進而提高拉花和雕花的穩定性。你也可以用空出的手來支撐注入牛奶的前臂。

2. 在開始注入圖案前，先深吸一口氣，再隨著注入過程一邊呼氣——有助於保持穩定性和專注力。我也喜歡雙腳稍微分開的穩定站姿——這個姿勢被戲稱為「丹・塔芒步」（Dhan Tamang Stand）。

3. 輕輕在工作檯上敲擊杯底以去除咖啡液面的氣泡。在進行3D雕塑時，這也能讓泡沫更加均勻。

4. 確保總是將牛奶倒進注入時液面產生的空隙當中——這叫作「跟白（following the white）」。

5. 雕花時，記得準備一塊濕布放在手邊，在每個筆劃之間都要擦拭工具——特別是在使用彩色奶泡時。

6. 所有的指示都是從右撇子的角度來撰寫的，所以，左撇子們需要特別留意。杯面的方位以鐘面來表示，把手定為3點鐘方向。定位各圖案元素組合時，請依照個人需求參考圖案成品照片。

7. 製作3D雕塑用的奶泡時，將牛奶加熱至攝氏64-65度（華氏147-149度），接著打發，直到奶泡體積增為兩倍。此堅挺且蓬鬆的奶泡稱作粗奶泡，應於另一個杯中保存。接下來，使用橄欖錐形（quenelle）法（詳見上頁），讓奶泡更濃厚，達到能雕塑的質地。

INTRODUCTION　9

基本圖案
BASIC DESIGNS

愛心
HEART

> 愛心是最簡單的咖啡藝術圖案，也是咖啡師入門學習的第一種圖案。你可能很熟悉，因為世界各地的咖啡廳中都常能見到它的蹤跡。

1. 在杯中製作基底（詳見第 8 頁）。

2. 一旦咖啡杯裝至三分之二時，降低拉花杯高度，並從離你身體最近的一端倒入牛奶——開始創造出愛心形狀，白色圓圈會在表面逐漸擴大。

3. 持續注入，直到製作出一個大大的白色圓形為止。

4. 當咖啡杯快盛滿時，你也成功創造出白色奶泡圓圈時，提起拉花杯，用奶流畫一條線穿過圓圈中心，完成心形。

10　BASIC DESIGNS

鬱金香
TULIP

> 一旦掌握了拉出愛心的技巧後,你便能將愛心發展成鬱金香。鬱金香本身雖然簡單,卻是個非常漂亮的圖案,不只如此,它還能作為我們後面更複雜圖案的基礎。

1 在咖啡杯中製作基底(詳見第 8 頁)。當杯中裝至三分之二時,停止倒入牛奶。

2 保持杯身傾斜,於中心注入奶泡,做出一個白色小圓圈。接著停下,停止時輕輕提起拉花杯,形成類似愛心的形狀。

在第一個圓圈之上,製作另一個較小的白色圓圈,再一次地,在圓圈尾端稍微勾起拉花杯,創造出另一個類心形。

3

4 在第二個心形之上,倒入第三個較小的圓圈,但這次結束時,將拉花杯提起,讓奶流穿過三個類心型,完成鬱金香圖案。

BASIC DESIGNS 11

葉子
ROSETTA

> 葉子圖案是一個仿效精緻盤旋的葉片或是花朵的圖形。它比愛心稍微進階一些，而且就像鬱金香一樣，會在本書許多其他圖案中運用到。

1. 製作基底（詳見第 8 頁）。

2. 當咖啡裝至三分之二滿時，降低拉花杯的高度，持續注入牛奶，在表面形成一個白色圓圈。這會是葉子圖形的基底。此時，開始在注入牛奶的同時，輕輕地左右搖晃拉花杯。

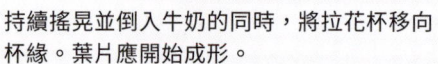

持續搖晃並倒入牛奶的同時，將拉花杯移向杯緣。葉片應開始成形。

3. （接上）

4. 當牛奶流即將抵達杯緣時，提高拉花杯至距離液面 3 公分（1 吋）處，以奶流拉出一條線穿過圖案中心──完成一片強韌的樹葉。

進階圖案
ADVANCED DESIGNS
慢葉 SLOSETTA

這個緩慢（或慵懶）注入的葉子圖案效果甚佳。乍看之下，有點像是新手嘗試拉出葉子所纏生的圖案，但實際上，要創造出厲害的慢葉，需要一隻非常穩定的手才行。

1
在咖啡杯中製作基底（詳見第 8 頁），在杯子裝至半滿時，停止倒入牛奶。

2
從液面上緣開始，注入葉子圖案（詳見第 12 頁），但不要左右搖晃拉花杯，而是慢慢地從左至右拉出圓環，隨著逐漸朝下移動，圓環也越來越窄。

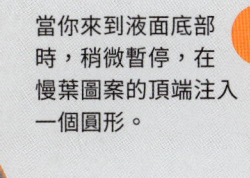

3
當你來到液面底部時，稍微暫停，在慢葉圖案的頂端注入一個圓形。

4
拉出一條線穿過圓形的中心，接著繼續穿過整個圖案，完成慢葉。

TOP TIP 重點訣竅

要創造出比普通葉子圖案更粗的線條，記得保持手的穩定，緩慢注入。

ADVANCED DESIGNS 13

雙層愛心
DOUBLE HEART

這個美麗又簡單的圖形秘訣在於：在一個愛心之中創造出第二個愛心。透過將第二個愛心疊在第一個之上，達到此效果。隨著一邊注入牛奶，愛心二會將愛心一的邊界向外推展，形成同心的愛心。

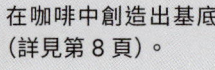

在咖啡中創造出基底（詳見第 8 頁）。

注入一個愛心（詳見第 10 頁），但到了最後一個步驟拉線穿過中心時，畫到一半便停止——這麼一來愛心會停留在半完成的狀態。

現在，在半完成的愛心下方，開始注入第二個圓形。

繼續注入牛奶，並將拉花杯逐漸移向咖啡杯中心，在中心暫停，注入更多牛奶，擴大圓形。第二個圓形會在第一個類心形內部擴大，形成雙層愛心。拉高拉花杯，拉出一條線穿過兩個類心形的中心，完成雙層心形圖案。

ADVANCED DESIGNS

開底鬱金香
WINGED TULIP

這是一個美麗的抽象圖形結合了葉子和鬱金香,形成一朵兩側花瓣如羽翼般展開的花。這個圖案挑戰性較高,但別因此卻步了。隨著時間和練習,你很快就能創造出理想中的對稱感與形狀。

1. 在咖啡杯中製作基底(詳見第 8 頁),當杯子裝至半滿時,停止倒入牛奶。

2. 製作羽翼:從咖啡杯中心開始倒入葉子圖案(詳見第 12 頁),並逐漸將拉花杯移向右側。輕輕搖晃拉花杯,在注入的同時,一邊將葉片推向左方,在咖啡杯中心停下,朝葉子的中心注入牛奶,完成羽翼部分。

3. 接下來,注入一朵鬱金香(詳見第 11 頁):從咖啡杯中心、葉片正下方開始注入牛奶。可以自由選擇注入多少層鬱金香(或取決於杯面的空間能容納多少)。注入牛奶時,鬱金香會被推向葉子,葉子則會展開包裹著鬱金香,創造出羽翼的效果。

4. 提起拉花杯,並朝鬱金香中心持續倒入牛奶,完成圖案。

ADVANCED DESIGNS   15

多層鬱金香

MULTI-LAYERED TULIP

這個圖案奠基於基本的鬱金香圖案之上,加入了更多層的花瓣。創造多層鬱金香的關鍵,在於注入牛奶的過程中,提前開始注入鬱金香。因此,在製作圖案之前,別把咖啡杯裝得太滿了。

在咖啡杯中製作基底（詳見第 8 頁），但在杯中裝至三分之一滿時，便停止倒入牛奶。

保持杯身傾斜，就像在製作基本的鬱金香圖形一樣（詳見第 11 頁），在咖啡杯中心注入第一個圓圈。

在比第一個圓稍低處，開始注入第二個圓，一邊注入，一邊提高拉花杯，將圓圈推擠向液面上半部。

繼續在每一層圓之下，注入新的一層，直到抵達咖啡杯下緣為止，每一層圓都要比前一個小。

最後，提高拉花杯，拉出一條線穿過所有圓心，完成多層鬱金香圖形。

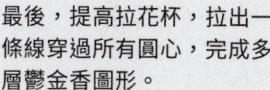

ADVANCED DESIGNS

獻給大自然愛好者

FOR NATURE LOVERS

日月
SUN AND MOON

> 一旦掌握技巧之後,便能快速完成這個充滿趣味的圖案,接著隨心所欲的裝飾上更多彗星、星球和宇宙塵埃等,甚至是加上太陽系——不過這可能會需要更大的杯子了。

1. 在一個濃縮咖啡杯中準備橘色奶泡,在第二個濃縮咖啡杯中則裝入少量的黑色食用色素,將兩個杯子放置於一旁。在一個大咖啡杯中製作基底(詳見第 8 頁),倒入牛奶直到裝至三分之二滿為止。

FOR NATURE LOVERS   19

2 製作月亮：從距離把手 2.5 公分（1 吋）處開始，注入雙層的開底鬱金香（詳見第 15 頁）。

3 開始製作太陽：在鬱金香上方，距離杯緣 2.5 公分（1 吋）處，注入一個圓圈的牛奶。使用大湯匙，小心地在白色圓圈上方加上一大滴橘色奶泡，為太陽增添色彩。

4 使用帶有尖端的雕花工具，沾上黑色色素，畫上月亮的眼睛和睫毛。用拉花杯中殘留的奶泡，加上一小圈白色奶泡，製作鼻子。你也可以加上一抹微笑，或是任何你喜歡的表情。

5 回到太陽，準備好一把乾淨的雕花工具。現在，將橘色奶泡從圓圈的邊緣朝外、並稍微朝右拉出。這麼一來會創造出向外發散的彎曲線條，成為太陽的放射光線。

20　FOR NATURE LOVERS

使用乾淨的細雕花工具和黑色食用色素,畫上太陽的臉。

使用小湯匙的尾端沾上白色牛奶,從 10 點鐘位置開始,以相同的間距點上五個圓點,在 1 點鐘位置完成。從 7 點鐘處開始,沿著杯緣朝向 4 點鐘處,均勻點上四個白色圓點(圓點會成為星星)。

點亮星星:將圓點的牛奶從中心向外拉出,超出邊緣。

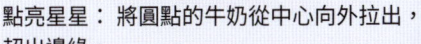

製作一顆流星,為圖案加上畫龍點睛的最後一步:為最右上角的星星加入更多牛奶,接著將牛奶向外拉做出尾巴。使用細雕花工具,將牛奶斜斜向上以及向下拉,創造出尾巴模糊的效果。

FOR NATURE LOVERS

鴿子
DOVE

這個祥和又高雅的圖案結合了三片精緻的葉子來創造出鴿子的身體、翅膀和尾巴。

1 準備一個濃縮咖啡杯的橘色奶泡,並放置於一旁。在一個大咖啡杯(詳見第 8 頁)中製作基底,直到杯子裝至三分之二滿為止。

22　FOR NATURE LOVERS

2 杯身朝外傾斜，從杯面的中心開始朝把手方向注入葉子（詳見第 12 頁），並在接近杯緣處停止。從中心開始，朝與第一片葉子相反的方向，注入第二片葉子。兩片葉子作為鴿子的雙翼。

製作鴿子的尾巴：從五點鐘方向開始，朝七點鐘方向注入一片葉子。隨著即將完成，提高拉花杯，並繼續注入，將尾巴與身體連接在一起。在葉子圖案的另一側也重複此動作。

3 一旦翅膀和尾巴都形成之後，使用一把雞尾酒針或是其他雕花工具來為鴿子的尾巴加入更多細節。輕輕地用雞尾酒針劃過牛奶，朝上拉，創造出尾巴羽毛的效果。

4 在雙翼中央的上方處，點上一個奶泡圓圈，作為頭部。接著將圓圈朝左方稍微向外拉，形成鳥喙。如果奶泡稍微消氣了，你可能必須用額外的牛奶為鴿子的身體補上色。

5 使用橘色奶泡，畫上鴿子的雙腳，以及為鳥喙上色，來完成圖案。

FOR NATURE LOVERS

天鵝
SWAN

只要經過一些練習，醜小鴨也能變身雄偉的天鵝。不論是在河流，鄉間湖泊，還是池塘水面上優雅地漂浮，這隻滑行中的天鵝結合了鬱金香和葉子，形成誘人的圖案。

24　FOR NATURE LOVERS

在一個小咖啡杯中製作基底（詳見第 8 頁），直到杯中裝至三分之二滿為止。從距離杯緣 2.5 公分（1 吋）、三點鐘位置的稍低處開始，注入四層鬱金香（詳見第 11 頁），在二點鐘方向停下。

從杯面中心開始，鄰接鬱金香，朝 12 點鐘方向，一口氣注入一個葉子圖案（詳見第 12 頁）。

從中心開始，再一次地，鄰接第一片葉子，注入第二片葉子。

稍微傾斜杯子，朝上注入一道細細的奶流。彎曲形成天鵝的身體和脖子。在脖子頂端暫停，接著稍微壓低拉花杯，形成一個愛心，成為天鵝的頭。

左右搖晃拉花杯，來回移動，創造出天鵝身軀下的水面，幫你的天鵝製作出游泳的河流或湖泊。

25

魚狗
KINGFISHER

躍進這個令人目眩的圖案中吧——亮眼的藍色愛心與開底鬱金香結合,創造出燦爛耀人的魚狗!

準備一個濃縮咖啡杯的藍色奶泡,放置於一旁。在一個大咖啡杯中製作滑順又紮實的基底(詳見第 8 頁),直到咖啡杯裝至三分之二滿為止。一旦基底層完成之後,注入兩層的開底鬱金香(詳見第 15 頁)。

FOR NATURE LOVERS

2 點上三個藍色奶泡圓圈,做出魚狗的身體。第一個圓圈位在距離杯緣 2.5 公分(1 吋)處的十二點鐘位置。第二個圓圈在第一個圓圈正下方,最後一個圓圈則在第二個圓圈下方、咖啡杯的正中心處。

3 使用雞尾酒針或是其他雕花工具,將杯緣處的奶泡朝中心向內拉,為外圈翅膀添加細節與質感。

4 使用一把乾淨的雕花工具,沾取拉花杯中殘留的牛奶,在外圈翅膀之外加上白點。輕輕地將每個白點朝鬱金香內部拉,形成水花效果。

緊握住雕花工具,朝下劃過三個藍色圓圈,將它們轉化為心形。

6 使用最後剩下的藍色奶泡,在魚狗身體中間的兩側,畫上兩條彎曲的線條,做為突出的翅膀。

FOR NATURE LOVERS

海馬
SEAHORSE

潛入海馬的世界冒險吧，在早晨咖啡的表面，解開這些優雅神奇海中生物的魔法謎團。

1. 在一個大咖啡杯中製作基底（詳見第 8 頁），倒入熱牛奶直到杯中裝至半滿為止。

在距離杯緣 2.5 公分（1 吋）處的三點鐘位置，注入一個小的多層鬱金香（詳見第 16-17 頁），這會成為海馬的背鰭。

28　FOR NATURE LOVERS

製作海馬的身軀：首先，從杯面中心開始，朝右下方開始，注入一個葉子圖案（詳見第 12 頁）。此葉子圖案應在五點鐘位置完成。

從杯面中心開始，朝右上方注入第二片葉子。此葉子圖案應於 1 點鐘位置完成。

製作泡泡：從大約 8 點鐘位置開始，朝杯緣垂直注入一個葉子圖案，直到抵達 10 點位置為止。小心地沿著第二片葉子的前半部（腹部）朝下注入牛奶，勾勒出海馬的上半身，提高拉花杯，來製作出細線條。在第一片葉子的尾端直接注入螺旋線條，彎曲形成海馬的尾巴。

形成海馬的頭部：在第二片葉子的頂端，注入一個小螺旋形。繼續朝左下方注入牛奶。稍微暫停動作，形成一個較小的圓圈，作為海馬的口鼻。

櫻花
CHERRY BLOSSOM

雖然這個美麗的作品題名為櫻花，其實使用了乾燥的碎玫瑰花瓣來創造出櫻花的幻象。這不僅為這個設計劃下完美的句點，也賦予咖啡怡人的香味。試著用濃郁的咖啡來搭配玫瑰風味，或甚至改用熱巧克力。

分別在兩個濃縮咖啡杯中準備黑色和粉紅色的奶泡,並放置於一旁。在一個小咖啡杯中製作基底(詳見第8頁),直到咖啡杯裝至三分之二滿為止。

在咖啡杯中心注入牛奶,形成一個圓圈。

使用雕花工具,沾取黑色奶泡,畫出樹幹的輪廓,上下垂直畫出短線條,模仿樹皮粗糙的質感。使用黑色奶泡,稍微為樹幹上色。接下來,以乾淨的雕花工具沾取粉紅色奶泡,在樹幹底部點上掉落的櫻花瓣。現在,開始在樹幹頂端運用點、線和螺旋形畫出櫻花。

最後的畫龍點睛:在櫻花的上方,撒上一些漂亮的乾燥碎玫瑰花瓣。

FOR NATURE LOVERS 31

企鵝
PENGUIN

> 不論你是喜歡企鵝，還是想欣賞一下可愛動物，這個圖案都是最佳選擇。迷人的企鵝展現了葉子注入技巧和精細的雕花技術，絕對會為早晨咖啡注入天馬行空的童趣。

1 分別在兩個濃縮咖啡杯中準備黑色和橘色的奶泡，放置於一旁。將新鮮冰牛奶倒入拉花杯中，加熱至攝氏 64-65 度（華氏 147-149 度）。將一半的熱牛奶倒入額外的一個拉花杯中，加入些許海軍藍和黑色食用色素，做出鐵藍色的牛奶。在一個大咖啡杯中製作基底（詳見第 8 頁）。

2 從杯面中心開始，朝向 6 點鐘方向，注入一個三層鬱金香（詳見第 11 頁）。

32　FOR NATURE LOVERS

使用藍色牛奶，注入兩個葉子圖案（詳見第12頁），做出企鵝的雙翅。

使用雕花工具和拉花杯中的白色牛奶，由上往下，描繪出企鵝的身體輪廓。

使用抹刀，在咖啡表面上點上一個黑色奶泡圓圈，形成企鵝的頭。

以細雕花工具沾取黑色奶泡，畫上企鵝尖尖鳥喙的輪廓。

將雕花工具擦拭乾淨，使用橘色奶泡，為企鵝的脖子和鳥喙上色。

使用黑色，描繪出企鵝脖子的輪廓，並點上一個白點，作為眼睛。

使用小湯匙的把柄和拉花杯中剩下的白色牛奶，畫上企鵝腳下的白雪。

FOR NATURE LOVERS 33

章魚
OCTOPUS

這個簡單卻繽紛的圖案效果非常震撼。只運用兩個顏色和少量的繪圖即可——而且，只要三分多鐘就可以完成。運用橄欖錐形法製作出的奶泡來創造出3D形狀。

1

分別在兩個濃縮咖啡杯中準備藍色和紫色的奶泡，接著放置於一旁。製作「粗奶泡」：蒸冷牛奶至攝氏64-65度（華氏147-149度），接著打發奶泡至拉花杯中。靜置約30秒，等待奶泡與牛奶分離。在一個小咖啡杯中製作基底（詳見第8頁）。接著將蒸熱的牛奶緩慢且穩定地從拉花杯注入咖啡杯的中心，製作出一個圓形。

2

製作章魚的身體：對準杯面中心，將一坨以橄欖錐形法製作的粗奶泡（詳見第8頁）放置在圓形的上方。

34 FOR NATURE LOVERS

使用小湯匙，小心地從拉花杯中舀出些許粗奶泡，沿著杯緣點綴，雕塑出章魚腳爬出杯子的效果。

使用藍色奶泡來為章魚腳之間的空隙上色，並使用紫色奶泡來為觸角加上吸盤細節。記得製作大小不一的吸盤，並分散地分佈，來為圖案增添寫實效果與深度。

雕塑章魚的頭：在身體的頂部加上更多以橄欖錐形法製作的粗奶泡。

以一把乾淨的細雕花工具沾取杯緣的棕色咖啡油脂，畫上章魚的圓眼睛和嘴巴。

FOR NATURE LOVERS　　35

賞鯨
WHALE WATCHING

在這個典雅的咖啡圖案中,重現賞鯨的奇觀。使用兩個短短的葉子圖案,製作出鯨魚的尾鰭,挑戰這個圖案之前,我建議先複習一下第12頁的基本圖案。

1 準備一個濃縮咖啡杯的橘色奶泡,並在另一個濃縮咖啡杯中,加入少量黑色食用色素。在一個大咖啡杯中製作基底(詳見第8頁),直到杯子裝至三分之二滿。

2 在杯面上半部的中心,於12點鐘位置開始,分別朝1點鐘和11點鐘方向,倒入兩個斜的葉子圖案(詳見第12頁)。

36　FOR NATURE LOVERS

3

製作鯨魚尾鰭的分叉處：在距離杯緣 2.5 公分（1 吋）的 12 點鐘位置，注入一個小愛心（詳見第 10 頁）。

4

在八點鐘位置，由左至右，接著再由右至左注入牛奶，再重複一次此順序，同時朝底部杯緣移動。這會製作出海面——或許是北極，南極或地中海呢！

5

使用雕花工具，畫出兩條凹陷的線條，連接鯨魚尾與海面。拉出魚尾的尖端細節。

6

使用小湯匙的尾端，在杯面的左上角點上一小球橘色奶泡，形成太陽。

7

使用些許黑色食用色素，畫上賞鯨船，和船上的賞鯨客。接著在畫上一些海鷗。由於這些細節非常微小，最好使用細雕花工具比較好。

8

最後，在橘色的太陽內部，加上一個小白點，作為高光。

FOR NATURE LOVERS

出水海龜
SURFACING
TURTLE

這個圖案充分地運用了鬱金香和葉子拉花技巧。你可以自由使用各種顏色來裝飾，雖然這邊範例中使用的顏色非常簡約。

1. 在一個濃縮咖啡杯中準備藍色的奶泡,並放置於一旁。在一個大咖啡杯中製作基底(詳見第 8 頁),直到杯中裝至三分之二滿為止。

2. 在杯面中心,開始倒入一個鬱金香(詳見第 11 頁),並幫海龜的身體拉出一個尖端。

3. 做出四個小葉子圖案(詳見第 12 頁),作為海龜的鰭足和前鰭。

4. 使用剩下的奶泡和一把細雕花工具,描繪出海龜身體的邊緣,與四肢連接。

5. 使用小湯匙的把柄,為海龜的頭部點上一球奶泡。使用細雕花工具來畫出邊緣,如果有需要的話,可以使用棕色的咖啡油脂點上雙眼。

6. 使用一把乾淨的細雕花工具,沾上藍色奶泡,在杯面底部畫上波浪紋路。

FOR NATURE LOVERS

熊貓
PANDA

這隻正在大快朵頤竹子的熊貓，運用直接注入法拉出兩片葉子，並以雕花細節完成。這個範例中只有一隻熊貓，但大膽的咖啡師還可以在杯面的另一角加上第二隻熊貓！

1

分別在三個濃縮咖啡杯中準備綠色、棕色和黑色的奶泡，接著置於一旁。在一個大咖啡杯中製作基底（詳見第 8 頁），倒入牛奶，直到杯中裝至半滿為止。

2

把手朝外，小心地注入兩個葉子圖案（詳見第 12 頁），製作出熊掌。

FOR NATURE LOVERS

3 在熊掌上注入一個大圓形,作為熊貓的頭部。

4 使用尖細的雕花工具,沾取黑色奶泡,描繪熊貓和熊掌的輪廓。

5 使用黑色奶泡,畫出可愛熊貓耳的輪廓,並為熊掌塗上黑色。

6 使用棕色和綠色的奶貓,在背景畫上竹子。以棕色奶泡,在熊貓下方畫上地面,並以綠色奶泡加上地面的紋理以及綠色嫩芽,增加細節。

以黑色畫上眼睛輪廓,並上色,接著也將耳朵塗上黑色,並畫上鼻子和嘴巴。

7

8 最後的畫龍點睛:你可以為熊貓加上一節竹子與竹葉,讓牠大嚼特嚼。使用乾淨的雕花工具和拉花杯中剩下的白色奶泡,在熊貓眼中點上反光。

FOR NATURE LOVERS

地球
PLANET EARTH

使用粗奶泡來構成球體的凸面,以及鮮豔的食用色素來做出大陸和海洋的對比色,這個效果奇佳的圖案只需要短短幾分鐘,即可完成。

在三個濃縮咖啡杯中分別準備藍色、黑色和綠色的奶泡。現在，在拉花杯中製作粗奶泡（詳見第 9 頁），靜置於一旁。接下來，在一個小咖啡杯中製作基底（詳見第 8 頁）。將牛奶注入濃縮咖啡當中，製作出一個圓形，接著在杯中裝滿牛奶，直到與杯頂留下 5 毫米（1/4 吋）的間距為止。

1

2

使用一根大湯匙，將粗奶泡舀至牛奶圓圈上，形成 3D 的半圓球體。

3

使用雕花工具和綠色奶泡，在粗奶泡上畫出陸地。

4

使用黑色奶泡，描繪出地球和陸地的輪廓。最後，用藍色奶泡為海洋上色。記得每次換顏色時，都要清潔雕花工具。

FOR NATURE LOVERS

變色龍
CHAMELEON

這隻潑辣的變色龍有著跟夕陽一樣耀眼的五彩嵴稜,牠能在任何一杯咖啡中注入一抹樂園的氣氛。

1 確保你身邊有數種食用色素——在這道範例中,使用了綠色、紅色、黃色、橘色和藍色——並將它們放置於一旁。在一個大咖啡杯中製作基底(詳見第 8 頁),直到杯子裝至三分之二滿為止。

2 製作樹葉:從 9 點鐘位置開始,朝 6 點鐘方向,注入一片慢葉(詳見第 13 頁)。當你來到 6 點鐘位置時,提高拉花杯,做出一條細線,接著將線條往回拉過整片慢葉。繼續注入牛奶,超出慢葉,直到你來到 12 點鐘位置為止。

44   FOR NATURE LOVERS

3
開始製作變色龍的身體：從 12 點鐘位置開始，朝 3 點鐘方向，注入一片葉子（詳見第 12 頁）。

4
當你來到 3 點鐘位置時，繼續朝下方注入牛奶，接著朝左方捲曲，做出尾巴。

5
加粗身體：在葉子下方，注入一個小的雙層鬱金香（詳見第 11 頁）。

6
製作變色龍棲息的樹枝：從九點鐘位置開始，注入一條水平線，直到你抵達變色龍的尾巴為止。

7
製作變色龍的頭：在杯面的左上角，從距離杯緣 2.5 公分（1 吋）處的 10 點鐘位置開始，注入一條短水平線。現在，注入一個小小的螺旋形，將短水平線與右方的葉子圖案連接起來。

8
製作變色龍的前腳：在變色龍的頭和鬱金香之間，朝右下方注入一條斜線，接著再轉向左下方繼續注入斜線。如果拉花杯中還有剩下的牛奶，你也可以在主要的樹枝上，再分叉出一根較小的樹枝。在第一層鬱金香和變色龍尾巴之間，直接注入一個逗號，形成變色龍的後腳。

9
使用雕花工具和食用色素，裝飾變色龍背部繽紛的峭棱，將各個彩色圓點都朝身體方向拉出，與白色混合後，再點上下一個色彩。每次換顏色前，都要清潔雕花工具。

FOR NATURE LOVERS

蝦子
SHRIMP

這個出色的海洋圖案將鬱金香發揮地淋漓盡致，製作出一個漂亮又俏皮的藝術作品。

1 在一個大咖啡杯中製作基底（詳見第 8 頁），直到杯中裝至三分之二滿為止。製作蝦子的身體：從杯面中心開始，朝 9 點鐘方向處注入四層鬱金香（詳見第 11 頁）。

2 製作蝦尾：在第一個鬱金香的下方，從 9 點鐘位置開始，朝右下方注入一個較小的五層鬱金香。

46　FOR NATURE LOVERS

3

製作蝦頭：在第一個鬱金香的右側，注入一個圓形。使用細雕花工具，將圓形內部的牛奶朝外拉出，形成蝦子的鼻尖。

4

做出尾巴：來到蝦子尾端第五個最小的鬱金香層。現在，使用乾淨的雕花工具，將此鬱金香層內部的牛奶朝外拉出，做出尾巴的曲線。

5

在兩個鬱金香間加上點點，加粗蝦子的身體。

6

現在，使用乾淨的雕花工具沾取咖啡油脂，並畫上蝦子棕色的眼睛。在瞳孔中用牛奶點上白點，做出眼睛的反光。使用拉花杯中剩下的牛奶，畫上蝦子的觸角。

7

使用牛奶，畫上出蝦子的笑容和眉毛，接著使用咖啡油脂描繪笑容。使用白色牛奶，從頭部下的第一個鬱金香延伸出蝦子的手腳。

8

如果奶泡有些消氣了，你可以再次加粗觸角，達到畫龍點睛的效果。

9

如果你手邊有黑色食用色素的話，你還可以為整個圖案加上黑色輪廓，來讓圖案變得更加生動。

FOR NATURE LOVERS

孔雀
PEACOCK

將鬱金香與藍色和綠色的奶泡點點結合，創作出一幅壯麗的孔雀開屏圖。

1 在兩個濃縮咖啡杯中，分別準備藍色和綠色的奶泡，接著在第三個濃縮咖啡杯中準備少量的黑色食用色素。在一個大咖啡杯中製作基底（詳見第 8 頁），直到裝至三分之二滿為止。

2 製作孔雀的身體和羽毛：從杯面中心開始，注入一個多層鬱金香（詳見第 16-17 頁）。

48　FOR NATURE LOVERS

3 製作羽毛：緊握住一把乾淨的雕花工具，將杯緣的咖啡油脂向內拉。

4 使用小湯匙的把柄，在圖案中心點上一個藍色圓點。使用尖細的雕花工具，將藍點朝上拉出曲線，做出脖子。

5 在孔雀脖子的頂端，加上一小球藍色奶泡，形成孔雀的頭部。

6 在羽毛的外緣，點上綠色奶泡，為孔雀的尾巴增添鮮豔的色彩。

7 在綠色圓點上，點上一層藍色奶泡，接著再用剩下的牛奶點上白色。

8 使用乾淨的雕花工具，將每個圓點往下拉，做出心形。在鬱金香上點上小藍點，裝飾羽毛。

9 使用乾淨、尖細的雕花工具，加上最後的細節。使用黑色食用色素，畫上孔雀的鳥喙和眼睛。使用更多藍色奶泡，畫上孔雀的羽冠。注入兩條垂直的線條，做出孔雀的腳，用雕花工具畫上鳥爪。

FOR NATURE LOVERS

獻給藝術愛好者

FOR
ART
LOVERS

睡蓮
WATER LILIES

這個迷人的圖案模仿了莫內繽紛的印象派睡蓮系列作品。莫內（Monet）為他的花園創作了250幅的畫作，因此，這道拿鐵藝術並沒有特定的構圖。想像在吉維尼（Giverny）的花園中，手持一杯咖啡漫遊，同時也別忘記在這個圖案中使用紫色和綠色，也歡迎你添加更多的色彩。

1
在三個濃縮咖啡杯中，分別準備綠色、橘色和紫色的奶泡。在一個濃縮咖啡杯中，製作基底（詳見第 8 頁），直到杯中裝至三分之一滿為止。

2
製作背景：想像一條連接 9 點鐘與 12 點鐘的線條，分佈上四個綠色圓點。畫上一條線連接四個點。

FOR ART LOVERS

3

使用小湯匙的把柄,在杯面點上綠色奶泡,形成睡蓮的漂浮葉。在紫色奶泡中以一球白色奶泡畫上橫條紋,接著使用這個新的雙色奶泡,在咖啡上點上更多圓點。

4

使用乾淨的雕花工具,將所有的點點以Z字形拉開,完成睡蓮的背景。

5

使用小湯匙,在5點鐘、8點鐘、11點鐘和3點鐘處,舀上小球的白色奶泡,形成睡蓮葉。在靠近杯面中心處,加上兩個較小的圓形,作為蓮花的基礎。

6

使用細雕花工具,為睡蓮葉上綠色。在睡蓮花的底部以紫色描繪輪廓。

FOR ART LOVERS

7 製作睡蓮的花瓣：將花朵中心的奶泡向外拉出，在原本圓形的平順輪廓上製作出刺刺的花瓣尖端。

8 使用橘色奶泡，在花朵中心畫上花蕊。

9 如果睡蓮花葉開始褪色，使用乾淨的雕花工具加上綠色奶泡，讓顏色變得更加鮮艷。

10 為部分睡蓮葉描繪輪廓，完成這幅由名畫啟發的圖案。

星夜
THE STARRY NIGHT

文生・梵谷（Vincent Van Gogh）在1889年繪製的《星夜》，是世界上最著名的畫作之一。現在，隨著小心使用三種顏色的奶泡，你也可以在最愛的熱飲上重現這幅名畫了。

54　FOR ART LOVERS

1. 在三個濃縮咖啡杯中，分別準備藍色、黑色和橘色的奶泡。在拉花杯中注入新鮮的冷牛奶，並加熱至攝氏 64-65 度（華氏 147-149 度）。使用湯匙或抹刀，在牛奶上以藍色食用色素加上橫紋。在一個大咖啡杯中製作基底（詳見第 8 頁），直到杯子裝至三分之二滿為止。

2. 從 9 點鐘位置開始，使用拉花杯中的藍白奶泡，手腕移動畫圓，由內向外開始注入一個螺旋形，之後再注入第二個朝右方延伸的螺旋。

3. 使用雕花工具，以藍色奶泡描繪螺旋的輪廓。

4. 將雕花工具擦乾淨，用黑色奶泡在前景畫上柏樹。在樹和天空之間，用藍色奶泡畫上更多的螺旋形。

5. 使用小湯匙的把柄，沾取橘色奶泡，畫上月亮。

6. 使用白色奶泡，為月亮加上高光，接著使用精細的雕花工具，在杯緣加上橘色的小圓形，作為星星。

FOR ART LOVERS　55

永恆的記憶
THE PERSISTENCE OF MEMORY

透過這個圖案，一頭載入薩爾瓦多・達利名畫《永恆的記憶》的魔幻世界，圖案中包含了超現實的軟時鐘和手錶，沿著你的杯緣融化。

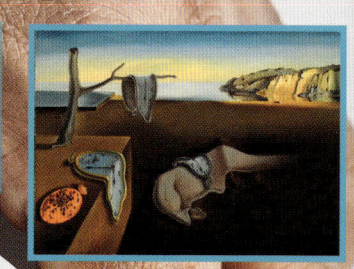

1

分別在三個濃縮咖啡杯中準備藍色、綠色和黑色的奶泡。在一個大咖啡杯中製作基底（詳見第 8 頁），直到杯中裝至三分之二滿為止。

2

製作第一個時鐘：在距離杯緣 2.5 公分（1 吋）處的 7 點鐘位置上方，注入一個愛心（詳見第 10 頁）。接下來，注入一條線，連接 10 點鐘和 1 點鐘位置，當作天空。

56　FOR ART LOVERS

3
用雕花法,以藍色奶泡畫上手錶和天空,並在天空上加上綠色奶泡。

4
使用黑色奶泡,描繪手錶的輪廓。接著在手錶的左方畫上樹幹。

5
製作第二個融化的時鐘:在杯面中心上方,舀上一球白色奶泡。接著使用藍色奶泡為第二個時鐘上色。

6
使用黑色奶泡,在兩個鐘錶上畫上鐘面。因為這些細節非常細緻,建議使用乾淨的細雕花工具為佳。

7
使用黑色奶泡,為融化的時鐘加上輪廓。

8
使用喝湯用的湯匙,舀起大時鐘,並輕輕地掛在杯緣,創造出融化效果。

FOR ART LOVERS

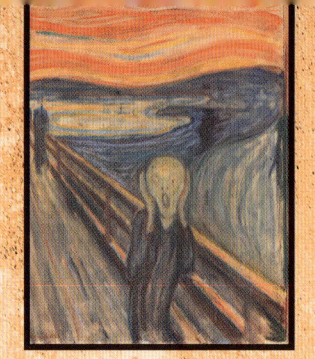

THE SCREAM 吶喊

愛德華・孟克（Edvard Munch）所繪製的痛苦臉孔，是藝術界中的標誌性形象之一，重現這幅畫作的過程也非常好玩。這道範例中，僅使用了一種顏色，因此，你可以專注於製作人物，並保持背景的簡約。如果你想要的話，也可以使用藍色、黃色和橘色來為背景上色，但別因此讓咖啡放涼了！

1

在一個濃縮咖啡杯中準備黑色的奶泡。在一個大咖啡杯中製作基底（詳見第 8 頁），直到杯子裝至半滿為止。

FOR ART LOVERS

2 在拉花杯中倒入新鮮冰牛奶，並加熱至攝氏 64-65 度（華氏 147-149 度）。打發牛奶，製作出粗奶泡（詳見第 9 頁）。注入一個圓形，作為頭部，接著將奶流由左向右拉，畫出半圓，製作出身體和手臂。

3 使用抹刀，在圓形上加上粗奶泡，並在身體和手臂上加上少許粗奶泡。使用雕花工具，將輪廓整理乾淨。

使用抹刀，從身體開始，在頭部的兩側拉出線條，製作出畫中角色的前臂和手掌。**4**

5 使用黑色奶泡，為吶喊的人畫出一幅輪廓，並塗上黑色。

6 使用黑色奶泡，畫上眼睛、嘴巴和鼻孔。使用尖細的工具，為背景加上一些線條細節。

FOR ART LOVERS

MONA LISA

蒙娜麗莎

要在咖啡裡加上畫作，不如使用最著名的畫作——李奧納多・達文西（Leonardo da Vinci）的《蒙娜麗莎的微笑》！使用雕花法畫上蒙娜麗莎，會花上不少時間（如果達文西是用這個媒材創作的話，咖啡早就冷掉啦），因此，我們提供了模板，來製作最關鍵的元素。

60　FOR ART LOVERS

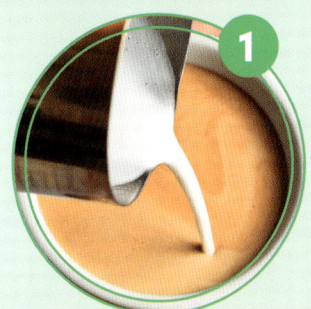

1 分別在兩個濃縮咖啡杯中，準備藍色和綠色的奶泡，並在第三個濃縮咖啡杯中準備少量的黑色食用色素。在一個大咖啡杯中製作基底（詳見第 8 頁），裝滿杯子，直到距離杯頂約 3 毫米（1/8 吋）為止。

2 將《蒙娜麗莎》模板（請見第 124 頁）放置於咖啡杯的頂端，確保不與咖啡表面接觸。如果有需要的話，可以稍微將模板折彎，使模板遠離液面。理想狀況下，模板應與液面平行，使用雞尾酒針支撐模板較窄的邊緣。

3 輕輕地在模板上灑上可可粉，製作出蒙娜麗莎頭髮和衣服的輪廓。

4 使用黑色食用色素，畫上蒙娜麗莎的臉，特別留意捕捉她謎樣的笑容！如果想要的話，也可以加上手部的細節，但我認為沒有這個必要，因為閒置太久的話，可可粉會開始解體並「起泡泡」。

5 使用藍色和綠色奶泡，在杯面的兩側加上一些色彩，粗略模仿這幅名畫的背景。

FOR ART LOVERS

維納斯的誕生
THE BIRTH OF VENUS

這個簡單又效果十足的圖案受波提切利（Botticelli）的名畫所啟發。只需四個簡單的步驟即可完成，你也可以隨心所欲的添加細節。歡迎使用不同顏色可可粉進行實驗。

1

準備一個濃縮咖啡杯的橘色奶泡，放置於一旁。在一個大咖啡杯中製作基底（詳見第 8 頁），直到杯中裝至三分之二滿為止。

2

沿著下方杯緣，在一側注入鬱金香（詳見第 11 頁）。裝滿杯子，直到距離杯頂 3 毫米（1/8 吋）的距離為止，這麼一來，模板才不致與咖啡面接觸。

3

將《維納斯的誕生》模板（詳見第 124 頁）放置在咖啡杯上方，確保不碰觸到咖啡表面。如果有需要的話，可以稍微將模板折彎，使模板遠離液面。充分地灑上可可粉。

4

使用雕花工具和橘色奶泡，畫上維納斯飄逸的長髮。

FOR ART LOVERS

THE SON OF MAN

人子

你可能相當熟悉雷內・馬格利特（René Magritte）的超現實主義畫作：《人子》，但你有在咖啡上看過它嗎？結合直接注入法的雙層愛心和雕花法，用這個厲害的圖案，讓藝術愛好者們嘖嘖稱奇吧！

1

分別在三個濃縮咖啡杯中，準備紅色、綠色和黑色的奶泡。放置於一旁。在一個小咖啡杯中製作基底（詳見第 8 頁），直到杯子裝至三分之二滿為止。在杯面中央注入一個雙層愛心（詳見第 14 頁），但不要將最後拉出的細線穿過圖案，而是只稍微下拉，保留圓形。

2

使用黑色奶泡，畫上帽簷。這個步驟使用大湯匙或是抹刀為佳。

64 FOR ART LOVERS

3
完成整頂帽子的輪廓,並上色。

4
在雙層愛心的中央,加上一球綠色奶泡,做出青蘋果。若有需要的話,使用雕花工具,修整蘋果的輪廓。

5
使用尖細的雕花工具和黑色奶泡,在雙層愛心的下方畫上衣服。你會需要先畫上中間的「V」形,接著在「V」頂端的兩側,分別朝左右畫下斜線。更仔細來說,「V」的底端應落在 6 點鐘位置,而「V」的頂端應與雙層愛心底部連接。

6
將雕花工具擦乾淨,接著在「V」的中央,以紅色奶泡畫上領帶的輪廓,並塗上紅色。

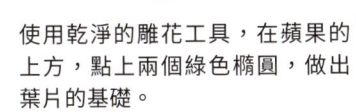

7
使用乾淨的雕花工具,在蘋果的上方,點上兩個綠色橢圓,做出葉片的基礎。

8
從各個綠色橢圓的中心,朝外拉出尖端,做出葉片的形狀。如果你想要的話,還可以再加上兩片葉子。

9
最後的畫龍點睛:使用剩下的白色奶泡,為蘋果和帽子加上高光。

FOR ART LOVERS　65

名勝古蹟

MONUMENTS

泰姬瑪哈陵
TAJ MAHAL

在親友的早晨咖啡上,重現印度最著名的地標,讓他們目眩神馳吧。這個進階的圖案使用了葉子、慢葉和愛心來製作。

1

分別在兩個濃縮咖啡杯中,準備藍色和綠色的奶泡,放置於一旁。在一個大咖啡杯中製作基底(詳見第 8 頁),將杯子裝至三分之二滿。從中心開始,朝向 6 點鐘位置,注入一個慢葉圖案。這是泰姬瑪哈陵前方的水池。

2

製作尖塔:從杯面的中線開始,分別朝向 11 點鐘和 1 點鐘位置,注入兩個葉子圖案(詳見第 12 頁)。將它們做得比慢葉更細,並且從慢葉的起始線開始注入。

MONUMENTS 67

3

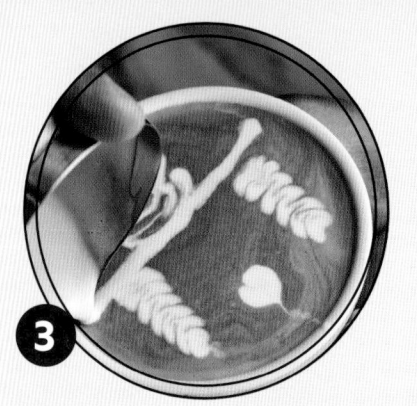

製作主要的圓頂：在距離杯緣 2.5 公分（1 吋）處的 12 點鐘位置，注入一個小愛心（詳見第 10 頁）。在兩個葉子圖案的下方，橫越杯面，注入一條水平線。

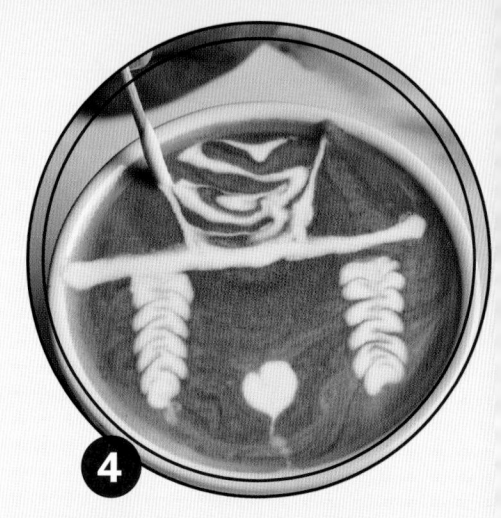

4

將雕花工具沾取拉花杯中剩下的奶泡，並在慢葉的兩側分別畫上斜線，形成水池的輪廓。

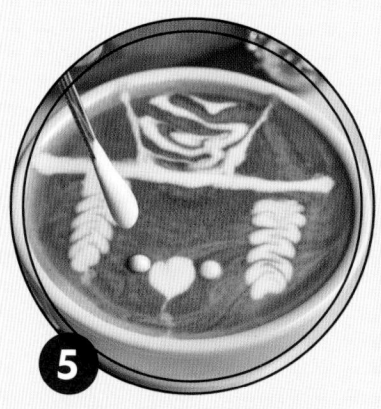

5

使用小湯匙的把柄，在圓頂的兩側點上兩個點點。接下來，使用尖細的雕花工具，將兩個點分別向上拉出尖端，構成涼亭的形狀。在圓頂和兩個涼亭下方畫上一條白線。

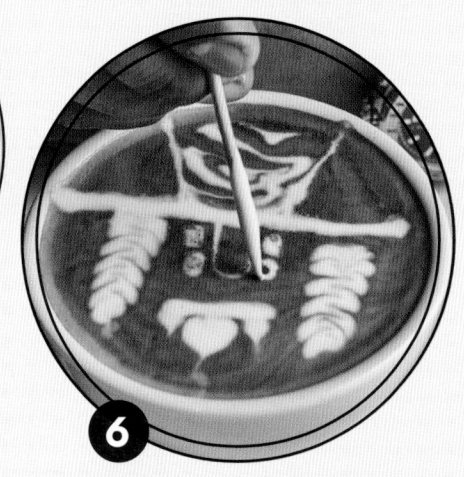

6

在慢葉的上方，畫出主要拱門的輪廓。現在，使用剩下的白色牛奶，在拱門兩側分別畫上兩個窗戶。由於這些細節非常微小，最好是使用烤叉或是雞尾酒針來進行雕花。

MONUMENTS

7 在四個窗戶的兩側，分別畫上一條垂直線，作為外牆，連接愛心下方的短水平線，構成整個建築的輪廓。

8 在圓頂涼亭下第一條短水平線的正下方，畫上第二條短水平線。使用大湯匙的把柄和拉花杯中的白色牛奶，加粗建築的外牆。

9 為兩個尖塔的頂端加上細節：將兩個葉子圖案朝上拉出尖端。現在，用乾淨的雕花工具沾取咖啡油脂，將葉子的輪廓整理地更加清晰。

10 在水池中，用乾淨的雕花工具畫上藍色和綠色的波紋。分別在水池的兩側以及葉子圖案的兩側，畫上小樹：使用綠色奶泡畫上樹葉，白色牛奶畫樹幹。用白色牛奶，在兩座涼亭旁，再分別加上兩個更小的涼亭。

MONUMENTS

艾菲爾鐵塔
EIFFEL TOWER

這是讓哈法族印象深刻的最佳妙法——只要啜飲這杯咖啡作品，就會立即讓你置身夢幻又浪漫的巴黎。

1
在兩個濃縮咖啡杯中分別準備黃色和橘色的奶泡，放置一旁。在一個大咖啡杯中製作基底（詳見第 8 頁）。

2
製作鐵塔的底座：從杯面中心開始，分別朝 5 點鐘和 7 點鐘位置，注入兩個斜葉子圖案（詳見第 12 頁）。

70　MONUMENTS

3
從前兩個葉子圖案的交界處開始，注入第三個垂直的葉子圖案。接著提高拉花杯，拉出細線，抵達12點鐘位置後，將細線稍微回拉。

4
使用小湯匙的把板或是雕花工具，使用拉花杯中剩下的白色牛奶，修整葉子圖案，讓輪廓變得更加清晰。

5
將小湯匙的把柄當作畫筆，畫上艾菲爾鐵塔的第一個平臺。

6
使用雕花工具，點上一個白點，製作出頂端平臺。若有需要的話，使用乾淨的雕花工具，修整輪廓。

7
在第一個平臺下，畫上彎曲的白線，改善底部的形狀。

8
使用乾淨的雕花工具，以及黃色奶泡，自由裝飾這個圖案。在這道範例中，我為頂端的平臺上色，並在整座鐵塔上加上黃色點點。

9
在杯面右上角，加上一個月亮：點上一球橘色奶泡，並加上一點白色牛奶做為高光。

MONUMENTS

自由女神的火炬

LIBERTY'S TORCH

為親友製作這個向自由女神致敬的咖啡因作品。這個圖案展現了葉子圖案和精細的雕花技巧,並為咖啡注入雄壯氛圍和一點美國傲氣。

1 在一個濃縮咖啡杯中準備橘色奶泡,並放置於一旁。在些許牛奶中加入藍綠色的食用色素,接著蒸熱並打發奶泡。使用藍綠色熱牛奶製作基底(詳見第 8 頁),將杯子裝至三分之二滿。

2 從杯面中心開始,注入垂直的第一個葉子圖案(詳見第 12 頁),在 6 點鐘位置完成,做出火炬的把手。

3

製作自由女神的手臂：這次從杯面中心開始，注入一個斜的葉子圖案，在 7 點鐘位置完成。

4

在火炬把手的正上方，注入水平的第三個葉子圖案。

5

使用拉花杯中剩下的藍綠色牛奶，用雕花工具小心地畫上兩條凹陷的線條，將第三個葉子圖案與前兩個連接在一起。接著在第三片葉子上方畫上一個淺淺的曲面，增添火炬的細節。

6

使用大湯匙的把柄，在第二個葉子圖案的上方，加上一球藍綠色牛奶，做出自由女神的手。

7

清乾淨湯匙，接著在火炬上方加上一球橘色奶泡，做出火焰。

8

使用乾淨的細雕花工具，將第三個葉子圖案的輪廓修整得更清晰。這會創造出一串指向 9 點鐘方向、壓扁的箭頭形。現在，使用乾淨的雕花工具，操縱火焰中的牛奶，將橘色圓形朝外拉，創造出捲曲拉長的火焰。

MONUMENTS

倫敦塔橋
TOWER BRIDGE

> 倫敦塔橋本尊花了8年才建造完成，相比之下，這座慢葉搭建成的分身只要短短幾分鐘，就能任君享用。

1. 在一個濃縮咖啡杯中準備藍色奶泡，靜置一旁。在一個大咖啡杯中製作基底（詳見第 8 頁），將杯子裝至三分之二滿。

2. 在杯面下半部開始，分別從 8 點鐘到 11 點鐘，以及 4 點鐘到 1 點鐘位置，注入兩個直立的慢葉（詳見第 13 頁）。

74　MONUMENTS

3

在兩個慢葉的正下方，注入一條水平線，作為橋的底座。

4

使用雕花工具和剩下的白色牛奶，為慢葉加上外框和V形的塔樓。畫上人行道和纜線。

5

使用白色牛奶畫上吊橋：在兩個慢葉之間，塔基上方，加上兩條短短的斜線。

6

用雕花工具沾取白色牛奶，接著在橋下加上Z字型的淺波紋，作為河流。

7

使用藍色和白色的奶泡自由裝飾塔橋。在此處的範例中，我在橋的頂端上色，並在上方的人行道加上點點。我還加上了兩條平行的纜線。

MONUMENTS 75

節慶場合

FOR OCCASIONS

雪人
SNOWMAN

用這個奇趣的雪人圖案,將一杯平凡的咖啡幻化成冬季樂園吧。我為月亮和雪人的蘿蔔鼻,添加了一抹橘色,但你的想像力應該不只如此吧?發揮創意,為樹木上色,並為雪人穿上新潮的冬裝。

1 在一個濃縮咖啡杯中準備橘色奶泡,在另一個杯中準備黑色食用色素,放置於一旁。在一個大咖啡杯中製作基底(詳見第 8 頁),裝至三分之二滿。

2 從 8 點鐘位置開始,注入一個直的葉子圖案(詳見第 12 頁),在 10 點鐘位置完成。

FOR OCCASIONS 77

3

在第一個葉子圖案旁,注入第二個葉子,做為風景當中的樹木。

4

製作雪人:從靠近把手處開始,注入一個三層鬱金香(詳見第 11 頁),在 1 點鐘位置完成。省略鬱金香的最後一個步驟,讓鬱金香層保持橢圓形。

5

使用小湯匙的把柄,在葉子圖案樹和鬱金香雪人的下方,由左至右畫上地面。

6

繼續使用拉花杯中剩下的白色牛奶,來畫上樹幹。

78　FOR OCCASIONS

7

以雕花工具沾取白色牛奶，畫上一撮草：朝上拉出短短的筆畫。由於草非常細小，建議使用細雕花工具為佳。

8

擦淨雕花工具，沾取棕色的咖啡油脂，畫上雪人的臉和鈕扣。

9

使用橘色奶泡，畫上雪人的蘿蔔鼻。現在，使用乾淨的細雕花工具，移動牛奶，從第二個鬱金香層的雪人身軀中拉出手臂。使用白色牛奶，點上手掌。

10

使用橘色奶泡，在杯面左上角點上月亮。最後，用白色牛奶，點上些許雪花，完成場景。

FOR OCCASIONS　79

情人節小熊
VALENTINE'S BEAR

在情人節早晨，為心愛的人製作一杯咖啡還不夠——還要在咖啡的表面加上可愛的設計！何不製作這隻抱著浪漫紅心的溫馨泰迪熊呢？要讓這個圖案更個人化，歡迎在愛心的奶泡中，刻劃上情人的姓名縮寫。

1
在一個濃縮咖啡杯中準備紅色奶泡，並在第二個杯子中準備少許的黑色食用色素。在一個小咖啡杯中製作基底（詳見第 8 頁），將杯子裝至三分之二滿。

2
在杯面下半部，接近 6 點鐘位置，小心地注入一個雙層愛心（詳見第 14 頁）。

80　FOR OCCASIONS

3
在愛心的上方，注入一個圓形，作為熊臉的基礎。

4
在雙層愛心的兩側，分別在 9 點鐘與 3 點鐘的位置，注入小小的熊掌。

5
使用小湯匙的把柄，在熊臉上方的兩側分別加上一球奶泡，形成熊耳朵。

6
以雕花工具沾取咖啡油脂，接著用來描繪雙層愛心的輪廓，並畫上小熊的鼻尖。

7
使用棕色咖啡油脂，點上雙眼，並畫上鼻子和嘴巴。

8
在每隻耳朵中點上一點咖啡油脂，並在熊掌上畫上小橫紋，做出熊爪。

9
使用乾淨的小湯匙把柄，用紅色奶泡為內部的愛心上色。最後，有需要的話，可以使用乾淨的雕花工具修整輪廓線。

FOR OCCASIONS

感恩節小雞
EASTER CHICK

透過這個令人愉悅的圖案,沈浸在感恩節氣氛當中。這隻興高采烈的耀眼黃色小雞,能點亮最黯淡的早晨,並讓你綻放笑容。

1 在兩個濃縮咖啡杯中分別準備黃色和橘色的奶泡,並在第三個杯子中裝入少量的黑色食用色素。將它們放置於一旁。在一個大咖啡杯中製作基底(詳見第 8 頁),將杯子裝至三分之二滿。

2

在杯面中偏下處,注入三個葉子圖案(詳見第12頁),呈現一個鬆散的三角形。確保每片葉子不與相鄰的葉子相觸碰。現在,在三片葉子之上,注入一個圓形,做出小雞的頭部。

3

在圓形上,用大湯匙疊上一些額外的牛奶,連接頭部和葉子圖案。接下來,使用細雕花工具沾取拉花杯中剩餘的白色奶泡,描繪上小雞蛋殼的輪廓。

4

使用乾淨的雕花工具,沾取黑色食用色素,為整個圖案描上輪廓線,如果你想要的話,可以為小雞蛋殼加上細節。

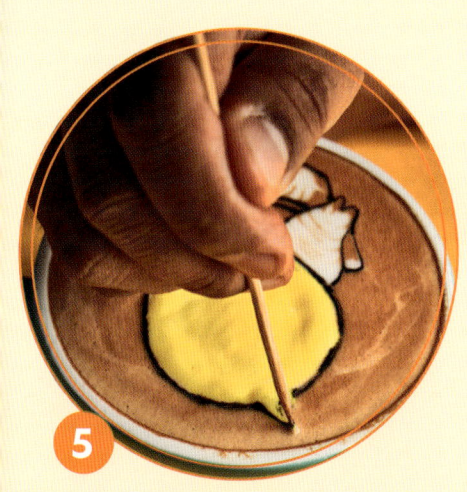

5

小心地使用黃色奶泡,為小雞頭上色,並在頭頂創造出蓬鬆羽毛的效果:將黃色奶泡朝外拉。接著再使用黑色使用色素描繪羽毛的輪廓。

6

使用橘色奶泡,點上鳥喙,並使用黑色畫上輪廓。加上黑眼睛和眉毛。用黃色奶泡在翅膀上加上條紋,並在雙翼之間點上白點。記得每次換顏色時都要將雕花工具擦乾淨。

FOR OCCASIONS 83

酢漿草
SHAMROCK

你可能有在健力士啤酒（Guinness）的頂端看過這個經典愛爾蘭象徵的拉花作品，但你有沒有想過，它也能降臨在你的咖啡表面呢？時機成熟了，透過這個簡單的聖派崔克節圖案，為早晨咖啡中加入愛爾蘭的好運。

1
在一個濃縮咖啡杯中，準備綠色奶泡，並放置於一旁。製作一個拉花杯的粗奶泡（詳見第 9 頁）。模仿健力士啤酒的色彩，在一個小咖啡杯中準備美式咖啡。

2

從杯面中心開始,朝外以螺旋形擴散,注入粗奶泡,形成圓形,創造出健力士的啤酒花效果。若有需要的話,使用乾淨的雕花工具,修整圓形的輪廓。

3

使用小湯匙,在杯面中心點上三球綠色奶泡,作為酢漿草葉的基礎。

4

使用雕花工具,從每片葉瓣的外緣朝中心拉,製作出酢漿草圖案細節。

5

最後,使用綠色奶泡,在酢漿草葉底部加上葉梗。

FOR OCCASIONS

驕傲彩虹

RAINBOW FOR PRIDE

用這個充滿歡慶氣氛的咖啡藝術,來慶祝驕傲日。愛心和明亮的食用色素就能創造出效果驚艷卻十分簡單的圖案。

1
在牛奶中加入藍色食用色素，蒸熱並打發奶泡後，加入濃縮咖啡杯中，放置一旁。重複此步驟，分別製作出紅色、黃色和綠色的奶泡。在一個小咖啡杯中製作基底（詳見第 8 頁），倒入牛奶直到接近杯頂。

2
使用小湯匙，在液面中心加上一球紅色奶泡。

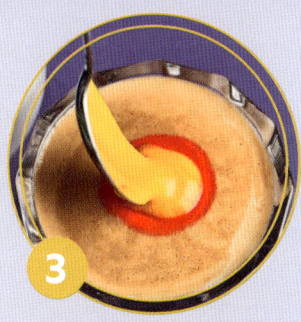

3
擦乾淨小湯匙，接著在紅色奶泡之上，疊上一球黃色奶泡。

4
接下來，在黃色之上疊上一球綠色奶泡。

5
在綠色之上，疊上一球藍色。

6
使用乾淨的雕花工具，畫出一條線穿越圓形，創造出愛心形狀。

7
自由製作額外的裝飾效果：使用不同的顏色，在愛心外圍畫上小條紋，小心地旋轉杯身，讓各條紋稍微混合。

FOR OCCASIONS 87

光明節
HANUKKAH

讓這個引人注目的燈燭臺成為你的光明節傳統之一吧,為慶祝活動加入喜悅、光明和美感。

1 在兩個濃縮咖啡杯中,分別製作黃色和紅色的奶泡,接著置於一旁。在一個大咖啡杯中製作基底(詳見第 8 頁)。

2 在液面中心,注入五層的鬱金香(詳見第 16-17 頁)。在完成注入圖案前,由右至左移動拉花杯,在鬱金香上緣創造出一條直線切面,使鬱金香成為拱形。

3 在鬱金香中心的頂端，點上一小球牛奶，作為中央蠟燭的基底。以乾淨的雕花工具沾取咖啡油脂，從蠟燭基底開始，向下延伸穿過鬱金香，描繪出燭臺的支柱。

4 使用小湯匙的把柄，畫上三角形的燭臺底座，並使用剩餘的白色奶泡上色。

5 使用雕花工具，在鬱金香的頂端點上八個小圓形，作為蠟燭底座。你也可以在燭臺支柱上加上圓點細節。

6 使用細雕花工具和紅色奶泡，在每個底座上，畫上一排垂直的短線條，作爲蠟燭。

7 使用乾淨的雕花工具和黃色奶泡，在每根蠟燭的尾端點上燭火。將黃色圓點朝上拉，做出火焰效果。

8 使用剩下的黃色奶泡，為中央的燭臺支柱、八個分支和底座加上高光。

FOR OCCASIONS

色彩節
HOLI

用這個生氣蓬勃又振奮人心的圖案,來慶祝印度教的色彩節!用紅色、藍色、綠色和黃色的脈衝花紋讓你的咖啡杯熠熠生輝,你甚至還可以在頂端灑上一層食用色粉。

1 分別在四個濃縮咖啡杯中準備藍色、黃色、綠色和紅色,接著放置於一旁。在另一個杯子中裝入少量的黑色食用色素。在一個大咖啡杯中製作基底(詳見第 8 頁),將杯子裝至三分之二滿。

2 從 7 點鐘位置上方開始,朝下注入一個葉子圖案(詳見第 12 頁),直到抵達杯緣為止。

3

在第一個葉子圖案的右側，分別注入三個葉子圖案。在每片葉子的頂端，分別加上一球白色牛奶，接著塑造出伸展的手掌形狀。

4

使用細雕花工具，畫上手指和拇指，在不同手掌更換色彩。

5

使用小湯匙的把柄，精確地點上一些綠色圓點。

6

繼續加上紅色、藍色和黃色圓點。

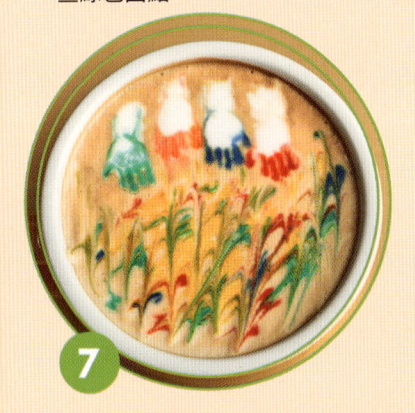

7

使用乾淨的雕花工具，斜斜畫過彩色的圓點，使它們變得模糊。這模仿了彩色顏料投擲在天空的鮮豔混沌效果。

8

完成圖案：使用大湯匙在圖案表面灑上食用色素粉。使用乾淨的雕花工具和黑色食用色素，為伸展的手臂描繪上輪廓。

FOR OCCASIONS

超自然

SUPERNATURAL

殭屍
ZOMBIE

這個作品展現了綠色黏液、暴凸的雙眼，還缺少了鼻子，是目前為止最恐怖的設計！儘管這個圖案不怎麼運用直接注入法，你還是會需要練習雕花技巧，才能讓殭屍栩栩如生。記得使用細雕花工具，來掌握最有挑戰性的細節。

1 在一個濃縮咖啡杯中準備綠色的奶泡，並在另一個杯中準備少量的黑色食用色素。在一個大咖啡杯中，製作基底（詳見第 8 頁）。

2 開始製作頭部：在液面中央注入一個橢圓形。使用一根小湯匙，在橢圓形上疊上牛奶，創造出骷髏頭的形狀。

SUPERNATURAL   93

3

使用細雕花工具和綠色奶泡，精準地畫上頭骨的輪廓。

4

為骷髏頭上綠色，上色的同時，一邊螺旋形移動你的雕花工具，做出有質感的線條。將雕花工具擦乾淨，並以白色牛奶畫上脖子的輪廓。

5

使用細雕花工具和拉花杯中剩下的白色奶泡，為殭屍畫上嘴唇。用小湯匙的把柄，點上殭屍的眼睛。

6

製作融化的效果：微調每隻眼睛中的牛奶 ──使用乾淨的雕花工具，將眼睛裡的牛奶往上拉，在圓形頂端形成凸出的線條。在這道範例中，我在每隻眼睛上分別往上劃了三次，做出橫躺的「E」字形。

7

在嘴巴中點上一些白點，做出殭屍的牙齒。接著使用乾淨的細雕花工具，在嘴巴裡填上黑色食用色素。

8

以雕花工具沾取黑色食用色素，描繪雙眼、鼻子和嘴巴的輪廓。

9

將鼻子塗黑 —— 這會塑造出凹陷的效果。接下來，在臉頰輪廓上點上綠色奶泡，作為黏液。現在，將每個圓點朝下拉，做出流淌的黏液效果。

10

使用黑色食用色素，在殭屍的雙眼下方加上眼袋，也為黏液滴加上輪廓，完成圖案。

SUPERNATURAL

巫師
WIZARD

不管你是鄧不利多智慧建言,還是甘道夫史詩歷險的粉絲,這道咖啡藝術作品都能為你的早晨注入一絲魔法。透過三個葉子圖案來形成巫師帽和鬍子,這個神秘的巫師最適合用來逗樂你身邊奇幻文學讀者。

1
在一個濃縮咖啡杯中加入紫色食用色素。在一個小咖啡杯中製作基底(詳見第 8 頁)。

2
首先,製作巫師尖帽:從液面中心開始,朝上注入一個葉子圖案(詳見第 12 頁),在 12 點鐘位置完成。

96　SUPERNATURAL

製作巫師的鬍子：從液面中央偏左處開始，向下注入第二個葉子圖案，朝 6 點鐘方向彎曲。從液面中央偏右處開始，向下注入第三個葉子圖案，朝同樣方向彎曲，與前一片葉子相接。

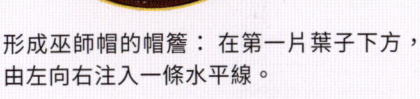

形成巫師帽的帽簷：在第一片葉子下方，由左向右注入一條水平線。

以細雕花工具沾取白色牛奶，將帽簷加粗。為葉子圖案加上外框，並在帽子頂端延伸出彎曲的頂點。

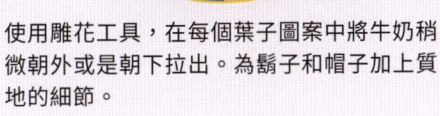

使用雕花工具，在每個葉子圖案中將牛奶稍微朝外或是朝下拉出。為鬍子和帽子加上質地的細節。

使用白色的牛奶，為巫師加上鼻子、八字鬍和嘴巴。加上一隻眼睛，做出巫師拋媚眼的效果。

最後的畫龍點睛：使用紫色食用色素，為巫師帽加上緞帶。

SUPERNATURAL　97

火龍
DRAGON

運用技巧結合三個葉子圖案,再加上專家級的雕花加筆,雄偉的火焰便立即在你的咖啡杯面上誕生。如果想讓圖案更生動,在加熱牛奶前,將食用色素加入牛奶當中,創作出你喜歡色彩的火龍。

1 分別在三個濃縮咖啡杯中,準備橘色、紅色和黃色的奶泡。在一個大咖啡杯中製作基底(詳見第 8 頁),將杯子裝至三分之二滿。從液面中央開始,注入一個葉子圖案(詳見第 12 頁),在 3 點鐘位置完成,製作出火龍的脖子。

2 製作下顎:從杯子中央開始,分別朝上以及朝下注入兩個較小的葉子圖案。

使用雕花工具和橘色奶泡,小心地為火龍的下頜和脖子底部描繪輪廓。

使用紅色奶泡,畫上螺旋形,為火龍加上鬍鬚。

將雕花工具擦乾淨,並以黃色奶泡點上一個小圓點,作為火龍的眼睛。使用拉花杯中剩下的白色奶泡,在黃色圓形中點上一個小白點,作為眼睛的反光。

使用乾淨的雕花工具,將火龍嘴巴中的牛奶向外拉出,做出火龍的尖牙。

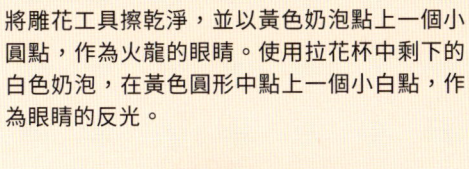

使用乾淨的雕花工具和白色奶泡,畫上螺旋形,做出火龍嘴巴噴出的火焰。

SUPERNATURAL 99

幽靈
GHOST

用這幅超自然作品,在你的早晨咖啡中,添加一絲恐怖氣氛。尚未精通葉子圖案的初學者可以省略步驟2和3,製作沒有背景的幽靈。

1 在一個濃縮咖啡杯中裝入少量的黑色食用色素。在一個大咖啡杯中製作基底(詳見第8頁),注入牛奶,直到杯中裝至三分之二滿為止。

2 從約 4 點鐘位置開始,注入一個葉子圖案(詳見第 12 頁),在 7 點鐘位置完成。

SUPERNATURAL

3 現在，注入第二片葉子，使兩片葉子緊緊相鄰。

4 製作幽靈的頭部：在距離杯緣 2.5 公分的 10 點鐘位置，注入一個圓形。

5 使用大湯匙，舀上牛奶，製作出一條曲線，連接幽靈的頭部和葉子圖案。

6 在第一條曲線旁，加上第二條曲線，做出幽靈的尾巴。

7 再加入兩條線，填滿幽靈的尾巴，接著用大湯匙的背部，塑形並模糊尾吧，做出幽靈飄浮的效果。

8 使用乾淨的細雕花工具和黑色食用色素，畫上幽靈的臉。

SUPERNATURAL 101

UNICORN

獨角獸

> 這個魔幻的剪影能讓你精通直接注入法之藝,並為少年和童心未泯的成人帶來歡樂。為小朋友製作這道設計時,我會建議使用熱巧克力(詳見第123頁)。

1 在一個大咖啡杯中製作基底(詳見第 8 頁),裝至三分之二滿。從杯面中心開始,朝向 1 點鐘方向注入一個葉子圖案(詳見第 12 頁),做出翅膀。

2 製作脖子:在第一片葉子左方,從杯面中心開始,注入第二個葉子圖案,在 12 點鐘位置完成。在完成這個葉子圖案之前,稍微將牛奶朝左拉出,形成獨角獸頭部的基礎。

製作獨角獸的身體：注入第三個葉子圖案。在注入這個葉子圖案時，會需要旋轉杯身，讓這片葉子與前兩個葉子圖案直角相接。從第二片葉子正下方開始，朝右方開始注入牛奶，直到你來到第一片葉子正下方為止。繼續沿著第一片葉子朝上注入，再將牛奶流朝下拉，一邊提高拉花杯，製作出較細的線條，成為尾巴。

在杯面右側，從第三片葉子開始，朝下注入牛奶，製作出後腳。

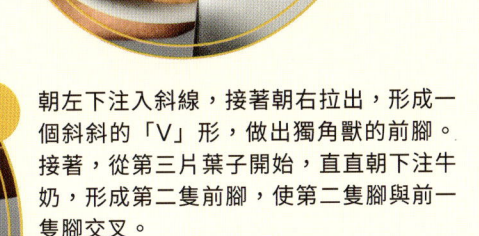

朝左下注入斜線，接著朝右拉出，形成一個斜斜的「V」形，做出獨角獸的前腳。接著，從第三片葉子開始，直直朝下注牛奶，形成第二隻前腳，使第二隻腳與前一隻腳交叉。

注入頭部：從第二片葉子的頂端開始，注入一個圓形，接著朝左拉出。以乾淨的雕花工具沾取棕色的咖啡油脂，畫上眼睛。最後，使用拉花杯中剩下的牛奶，畫上耳朵和尖角。

SUPERNATURAL

美人魚
MERMAID

這個圖案展現了高超的鬱金香注入技巧,絕對能為早晨咖啡施展海底魔法。

1. 在一個大咖啡杯中製作基底（詳見第 8 頁），將杯子裝至三分之一滿。

2. 從距離杯緣 2.5 公分（1 吋）的 3 點鐘位置開始，朝右上方注入一個斜的葉子圖案（詳見第 12 頁），在約 2 點鐘位置完成。從第一片葉子的正左方開始，朝左上注入第二個葉子圖案，在 1 點鐘位置完成，與前一片葉子形成陡峭的斜角。這會成為美人魚的尾巴。

3. 從距離杯緣 2.5 公分（1 吋）的 9 點鐘位置開始，與杯緣平行注入鬱金香（詳見第 11 頁），直到與尾巴連接為止。在注入同時，重複地左右扭轉拉花杯，讓鬱金香逐漸縮小。

4. 注入一個圓形，作為美人魚的頭。使用離花工具和拉花杯中剩下的牛奶，畫出美人魚的頭髮。最後，描繪美人魚尾巴的輪廓，為圖案添加細節。

現代休閒與日常

MODERN LEISURE AND LIVING

豔魅之眼
GLAMOROUS EYE

用這隻魅力四射的眼睛圖案,來將你的雕花技巧鍛鍊至爐火純青。在這道範例中,我使用了藍色的食用色素製作眼妝,但歡迎你結合任何喜歡的顏色。

1
在一個濃縮咖啡杯中,準備藍色奶泡,並在另外兩個杯子中,分別準備黑色和紅色的食用色素。在一個大咖啡杯中製作基底(詳見第 8 頁),裝至三分之二滿。

2
使用小湯匙的把柄,在杯面下半部的中央,加上短水平線。

MODERN LEISURE AND LIVING

3 開始製作眼睛：微調水平線中的牛奶，創造出杏仁形狀。現在，將兩個尾端稍微朝外拉出。

4 使用細雕花工具和白色牛奶，描繪出眼瞼和眉毛的輪廓。使用藍色奶泡，再次描繪眼瞼的輪廓，接著塗上藍色眼影。

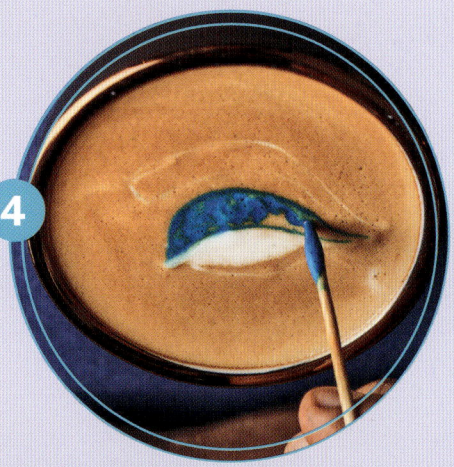

5 接下來，在下眼瞼加上一條藍色線條，製作下眼影。

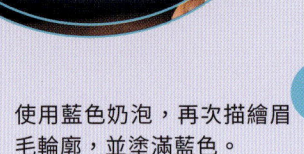

6 使用藍色奶泡，再次描繪眉毛輪廓，並塗滿藍色。

7. 使用黑色食用色素,畫上眼睛,畫上黑色睫毛,並加上瞳孔。

8. 使用藍色奶泡為瞳孔上色。

9. 在眼角和眉毛上,加上紅色食用色素。使用乾淨的細雕花工具和黑色食用色素,為眉毛加上髮絲細節,稍微模糊,做出滑順的效果。

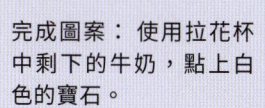

10. 完成圖案:使用拉花杯中剩下的牛奶,點上白色的寶石。

MODERN LEISURE AND LIVING

足球
FOOTBALL

在巧妙的背景上，加上一個簡單模板圖案，為你周遭的運動迷朋友製作這個圖案，定會達到「射門成功」的效果。

1 在一個大咖啡杯中製作基底（詳見第 8 頁），注入牛奶直到杯子裝至三分之二滿為止。

110　MODERN LEISURE AND LIVING

② 從接近杯緣處開始,注入六到十個鬱金香(詳見第 11 頁),一邊注入,一邊旋轉杯身。

③ 朝中心注入牛奶,將鬱金香朝中心吸引,形成渦輪形。在液面與杯頂之間保留至少 3 毫米(1/8 吋)的距離,保留空間放置模板。

④ 在工作臺上旋轉杯身,為渦輪的邊緣製作出旋轉的效果。

⑤ 將足球圖案模板(詳見第 125 頁)放置在杯子頂端,確保不與咖啡表面接觸。若有需要,可以稍微折彎模板,讓模板遠離液面,接著灑上可可粉。

⑥ 使用小湯匙,在足球員腳的底部舀上一球牛奶,製作足球,如果你想要的話,可以使用咖啡油脂,雕繪上足球表面的細節。

MODERN LEISURE AND LIVING 111

賽馬
RACEHORSE

不論你是馬術愛好者,或只是喜歡鑑賞這門技藝,這個出色的圖案運用葉子和賽馬奔騰的四肢,將賽馬場的刺激感帶到你的咖啡表面。

1 將少量黑色食用色素裝入一個濃縮咖啡杯中,放置於一旁。在一個大咖啡杯中製作基底(詳見第 8 頁),直到杯中裝至三分之二滿為止。

2 注入兩個葉子圖案(詳見第 12 頁),在接近下方杯緣處注入第一片葉子,形成地面,在杯面上方三分之二處,注入第二個較小的葉子圖案,作為馬的身體。

MODERN LEISURE AND LIVING

在身體的一側，注入一個小且尖端較細的葉子圖案，作為馬頭的基礎。

注入馬腿，從身體後方延伸出一隻腳，再從身體前端延伸出兩隻腿。

注入完整的馬頭，從頭頂開始，往下延伸出鼻尖，並拉回形成下顎線，中間表留一個棕色咖啡油脂圓形，作為眼睛。

使用小湯匙的把柄，舀上拉花杯中剩餘的牛奶，做出尾巴。

使用細雕花工具，加上另一隻後腿的一角。

再次使用小湯匙的把柄，加上牛奶，做出騎師。

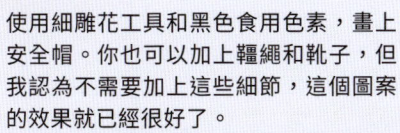

使用細雕花工具和黑色食用色素，畫上安全帽。你也可以加上韁繩和靴子，但我認為不需要加上這些細節，這個圖案的效果就已經很好了。

MODERN LEISURE AND LIVING　113

美式足球頭盔

AMERICAN FOOTBALL
HELMET

這個有趣的圖案適合球賽日：為何不在早晨拿鐵上製作你最喜歡球隊的頭盔，以求勝利好運呢？可以使用你球隊的顏色，但我提醒你⋯⋯如果球隊真的因此贏球了，以後每次球賽你都得要製作這杯咖啡！

1

準備一杯濃縮咖啡的彩色牛奶，使用你球隊隊徽 logo 的顏色。在一個大咖啡杯中製作基底（詳見第 8 頁），注入牛奶，直到杯中裝至三分之二滿為止。

114　MODERN LEISURE AND LIVING

2 如果你想要的話，可以在接近杯子底部處注入兩個葉子圖案，第一個從 5 點鐘位置開始，延伸到 3 點鐘位置，另一個則從 7 點鐘位置延伸至 9 點鐘位置，當作圖案背景。

將安全帽圖案模板（詳見第 125 頁）放置在杯子頂端，確保模板不碰觸到液面。若有需求，可以稍微折彎模板，讓模板遠離咖啡表面。你可能會需要用一根雞尾酒針來支撐「Logo 圓圈」。充分地灑上可可粉。

3

4 取下模板，並在安全帽側邊的圓形洞中填滿一球紅色奶泡（或是你最愛球隊的代表色），當作 logo。

使用細雕花工具，為 logo 描繪上白色輪廓線，如果你想要的話，也可以加上隊徽的細節。

5

6 使用白色奶泡，描繪上保護桿的網線，並加上一球奶泡做出耳朵的孔洞。

MODERN LEISURE AND LIVING

瑜伽姿勢
YOGA POSE

為何不為你生命當中的瑜伽粉絲,製作瑜伽咖啡藝術呢?在這道範例當中,我加入了背景細節,但你也可以只使用本書提供的模板來製作,快速達到相似的效果。

MODERN LEISURE AND LIVING

1. 在一個大咖啡杯中製作基底（詳見第 8 頁），直到杯中裝至三分之二滿。在杯面左上角，注入多層鬱金香的第一層（詳見第 16 - 17 頁）。

2. 隨著你注入牛奶，確保每層的花瓣都比平常要來得更緊密也更厚，來做出太陽的形狀。

3. 注入兩個葉子圖案（詳見第 12 頁），第一個從 5 點鐘位置延伸至 2 點鐘位置，另一個從 7 點鐘位置延伸至 10 點鐘位置，為做瑜伽的人兩側創造出兩顆平行的大樹。在兩個葉子圖案的中間加入一條線，當作地面。

4. 將瑜伽圖案模板（詳見第 126 頁）放置在杯頂，剪影的雙腳落在「地面」位置。確保模板不與咖啡的表面接觸。若有需要的話，稍微折彎模板，使其遠離咖啡液面。灑上大量的可可粉。

5. 取下模板，露出注入了瑜伽魔力的咖啡！

MODERN LEISURE AND LIVING

跳水選手
DIVER

在你的咖啡上加上這個簡單的模板跳水選手，掀起過人的聲浪。

1 在一個大咖啡杯中製作基底（詳見第 8 頁），注入牛奶，直到杯中裝至三分之二滿為止。

2 製作水花：從杯子中半段開始，緩慢地注入一個葉子圖案（詳見第 12 頁），來回注入牛奶直到接近 6 點鐘位置。

3 使用細雕花工具，取些許奶泡，朝葉子圖案的中心輕輕撇上幾撇，製造出噴濺的水花。

4 將跳水選手模板放置在杯子的頂端（詳見第 126 頁），確保不與咖啡表面接觸。若有需要的話，可以稍微折彎模板，使其遠離液面。充分地灑上可可粉。

5 取下模板，展示跳水選手。

MODERN LEISURE AND LIVING 119

SAXOPHONE

薩克斯風

> 這個時髦的音樂圖案,能讓你的早晨充滿爵士風情。歡迎使用黃色奶泡,來讓薩克斯風看起來更寫實,或是為按鍵加上不同的顏色,創造出更逗趣的效果。

1 分別在兩個濃縮咖啡杯中準備藍色和橘色的奶泡,接著放置於一旁。在一個大咖啡杯中製作基底(詳見第 8 頁),注入牛奶,直到杯中裝至三分之二滿為止。

120　MODERN LEISURE AND LIVING

從距離杯緣 2.5 公分（1 吋）的 9 點鐘位置開始，注入一個葉子圖案（詳見第 12 頁），並在 7 點鐘位置完成，創造出薩克斯風的喇叭管。

製作薩克斯風的管身：從 7 點鐘位置開始，注入第二個葉子圖案，在 1 點鐘位置完成。在來到葉子圖案的尾端時，將牛奶朝右拉，形成吹嘴。

使用拉花杯中剩下的牛奶，在喇叭管的尾端，畫上一個大橢圓，並在吹嘴的尾端畫上一個較小的橢圓

使用藍色奶泡，畫上音符。

最後，使用橘色奶泡，點上按鍵，並為喇叭管的開口加上高光。

MODERN LEISURE AND LIVING

音樂五線譜

MUSICAL STAVE

熱可可粉製作咖啡藝術的效果非常好。在寒冷的傍晚，這個快速的圖案能讓音樂愛好者驚嘆不已。

將充足的熱可可粉與熱牛奶混合,製作出濃厚的巧克力乳脂。倒入一個醬料擠壓瓶中,放置於一旁。準備一杯雙倍濃縮咖啡,倒入一個一口杯中。將新鮮的冰牛奶倒入拉花杯中,並蒸熱至攝氏 64-65 度(華氏 147-149 度),接著倒入一個咖啡杯中,裝至三分之二滿。

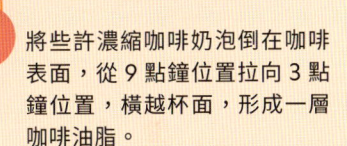

1

2 將些許濃縮咖啡奶泡倒在咖啡表面,從 9 點鐘位置拉向 3 點鐘位置,橫越杯面,形成一層咖啡油脂。

3 使用擠壓瓶中的熱可可,畫上五線譜。

4 接下來,畫上高音譜記號,和一些音符。

5 使用小湯匙的把柄或是離花工具,沾取剩餘的牛奶,來完成五線譜上的音符。

MODERN LEISURE AND LIVING

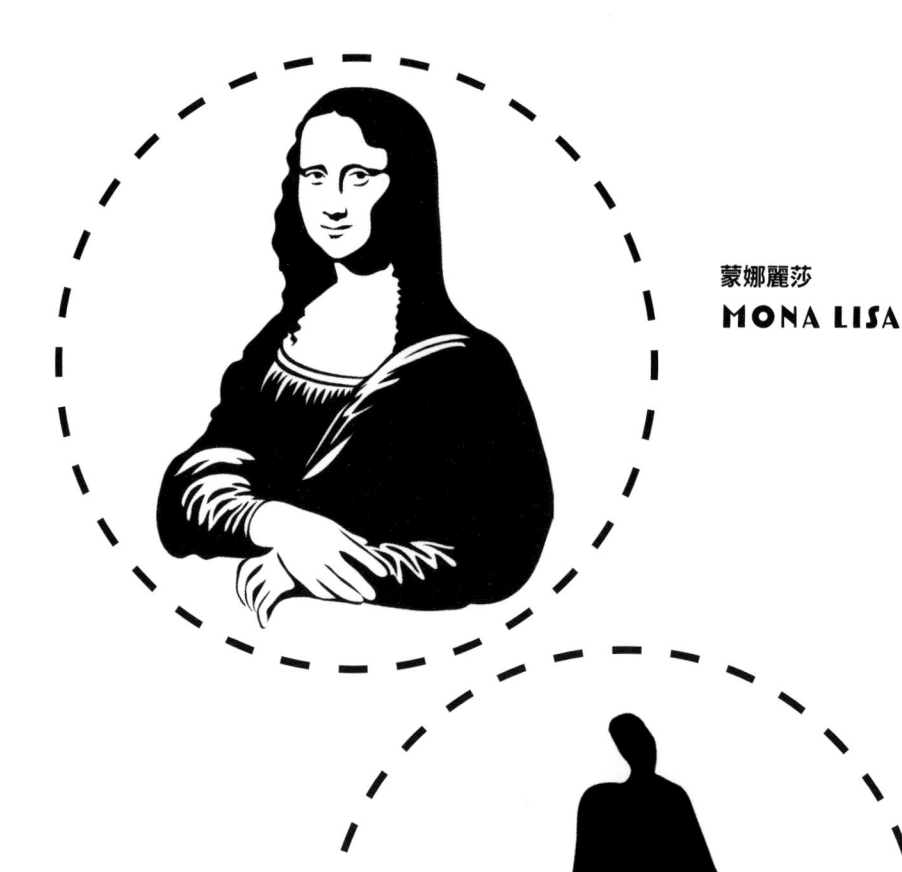

圖案模板
STENCILS

蒙娜麗莎
MONA LISA

維納斯的誕生
THE BIRTH OF VENUS

124　STENCILS

在厚卡紙上，描繪下方的模板圖案，並小心剪下。

足球
FOOTBALL

頭盔
HELMET

STENCILS 125

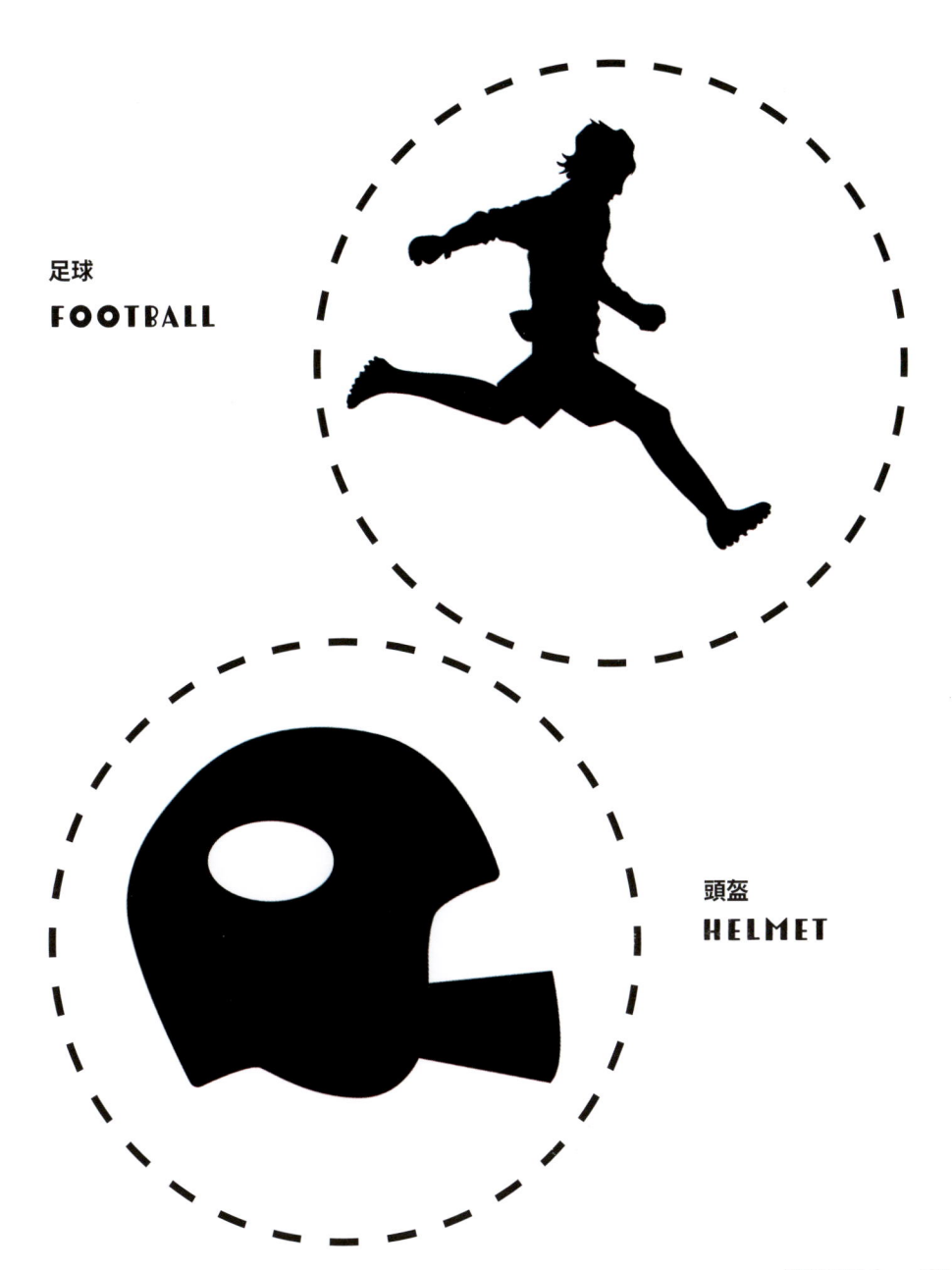

瑜伽
YOGA

跳水選手
DIVER

索引
INDEX

3D 圖案雕塑 8, 9
製作雕塑用的奶泡 9

二劃
人子 64-5

四劃
天鵝 24-5
孔雀 48-9
手腕動作 9
日月 19-21
火龍 98-9
牛奶
　植物性牛奶替代品 7
　跟白 9
　與杯子尺寸 7
　製作基底 8
　熱牛奶和打奶泡 7

五劃
出水海龜 38-9
可可粉
　音樂五線譜 122-3
　瑜伽姿勢 116-17
　跳水選手 118-19
　請參考 熱巧克力
奶泡器 6
永恆的記憶 56-7

六劃
企鵝 32-3
光明節 88-9
地球 42-3
自由女神的火炬 72-3
色彩節 90-1
艾菲爾鐵塔 70-1

七劃
吶喊 58-9
巫師 96-7
李奧納多・達文西，《蒙娜麗莎的微笑》 60-1
足球 110-11

八劃
咖啡油脂 7
　出水海龜 39
　音樂五線譜 122-3
　製作基底 8
　蝦子 47
咖啡機 6
孟克，愛德華，《吶喊》 58-9
杯子尺寸 6, 7

波提切利，《維納斯的誕生》 62-3

九劃
幽靈 100-1
星空 54-5
紅色奶泡
　人子 64-5
　火龍 98-9
　光明節 88-9
　色彩節 90-1
　玫瑰花瓣，乾燥，櫻花 30-1
　情人節小熊 80-1
紅色食用色素
　驕傲彩虹 86-7
　變色龍 44-5
　豔魅之眼 107-9
美人魚 104-5
美式足球頭盔 114-15
音樂五線譜 122-3
食用色素 6

十劃
倫敦塔橋 74-5
泰迪熊 80-1
泰姬瑪哈陵 67-9
海馬 28-9
海龜，出水 38-9
粉紅色奶泡，櫻花 30-1
馬格利特，雷內，《人子》 64-5

十一劃
情人節小熊 80-1
梵谷，文生，《星空》 54-5
章魚 8, 34-5
粗奶泡 9

地球 42-3
吶喊 58-9
章魚 34
酢漿草 84-5
莫內・克勞德，睡蓮系列 51-3
雪人 77-9
魚狗 26-7

十二劃
棕色奶泡，熊貓 40-1
紫色奶泡
　章魚 34-5
　睡蓮 51-3
紫色食用色素，巫師 96-7
酢漿草 84-5
開底鬱金香 15
黃色奶泡
　火龍 98-9
　光明節 88-9
　色彩節 90-1
　艾菲爾鐵塔 70-1
　感恩節小雞 82-3
　薩克斯風 120-1
黃色食用色素
　驕傲彩虹 86-7
　變色龍 44-5
黑色奶泡
　人子 64-5
　永恆的記憶 56-7
　企鵝 32-3
　地球 42-3
　吶喊 58-9
　星空 54-5
　熊貓 40-1
　櫻花 30-1
黑色食用色素
　孔雀 48-9
　日月 19-21
　色彩節 90-1
　幽靈 100-1
　情人節小熊 80-1
　雪人 77-9
　感恩節小雞 82-3
　蒙娜麗莎 60-1
　蝦子 47
　賞鯨 36-7

殭屍 93-4
賽馬 112-13
豔魅之眼 107-9

十三劃
愛心 10
　永恆的記憶 56-7
　泰姬瑪哈陵 67-9
　情人節小熊 80-1
　賞鯨 36-7
　雙層愛心 14
感恩節小雞 82-3
瑜伽姿勢 116-17, 126
丹・塔芒步 9
萬聖節 100
葉子圖案 12
　火龍 98-9
　出水海龜 38-9
　企鵝 32-3
　自由女神的火炬 72-3
　色彩節 90-1
　艾菲爾鐵塔 70-1
　巫師 96-7
　幽靈 100-1
　美人魚104-5
　美式足球頭盔 114-15
　泰姬瑪哈陵 67-9
　海馬 28-9
　雪人 77-9
　感恩節小雞 82-3
　瑜伽姿勢 116-17
　跳水選手 118-19
　熊貓 40-1
　賞鯨 36-7
　獨角獸 102-3
　賽馬 112-13
　鴿子 22-3
　薩克斯風120-1
　變色龍 44-5
　跳水選手 118-19
達利，薩爾瓦多，《永恆的記憶》56-7

十四劃
圖案元素，定位 9
慢葉 13
　倫敦塔橋 74-5
　泰姬瑪哈陵 67-9
　變色龍 44-5
熊貓 40-1
睡蓮 51-3
綠色奶泡

人子 64-5
孔雀 48-9
永恆的記憶 56-7
地球 42-3
色彩節 90-1
泰姬瑪哈陵 67-9
酢漿草 84-5
熊貓 40-1
睡蓮 51-3
蒙娜麗莎 60-1
殭屍 93-4
綠色食用色素
　驕傲彩虹 86-7
　變色龍 44-5
維納斯的誕生 62-3,124
蒙娜麗莎 60-1, 124

十五劃
模板
　足球 111, 125
　瑜伽姿勢 116-17, 126
　跳水選手 118-19, 126
　維納斯的誕生 63, 124
　蒙娜麗莎 61, 124
　頭盔 115, 125
熱可可
　音樂五線譜 122-3
　獨角獸 102-3
　櫻花 30-1
　蝦子 46-7
　賞鯨 36-7

十六劃
器材 6
橄欖錐形奶泡 8, 9
　章魚 34-5
橘色奶泡
　日月 19-21
　火龍 98-9
　企鵝 32-3
　艾菲爾鐵塔 70-1
　星空 54-5
　雪人 77-9
　感恩節小雞 82-3
　睡蓮 51-3
　維納斯的誕生 62-3
　賞鯨 36-7
　鴿子 22-3
　薩克斯風 120-1
橘色食用色素，自由女神的火炬72-3
獨角獸 102-3

雕花工具 6

十八劃
殭屍 93-4
賽馬 112-13
鴿子 22-3
薩克斯風120-1
藍色奶泡
　孔雀 48-9
　出水海龜 38-9
　永恆的記憶 56-7
　企鵝 32-3
　地球 42-3
　色彩節 90-1
　星空 54-5
　倫敦塔橋 74-5
　泰姬瑪哈陵 67-9
　章魚 34-5
　魚狗 26-7
　蒙娜麗莎 60-1
　薩克斯風 120-1
　豔魅之眼 107-9
藍色食用色素
　驕傲彩虹 86-7
　變色龍 44-5
　豔魅之眼 107-9
藍綠色食用色素，自由女神的
　火炬 72-3

二十劃以上
櫻花 30-1
驕傲彩虹 86-7
變色龍 44-5
豔魅之眼 107-9
鬱金香 11, 110-11
　出水海龜 38-9
　光明節 88-9
　多層 16-17
　天鵝 24-5
　企鵝 32
　海馬 28-9
　章魚 34-5
　蝦子 46-7
　美人魚104-5
　開底鬱金香 15
　瑜伽姿勢 116-17
　維納斯的誕生 62-3
　變色龍 44-5